中国地质调查局
CHINA GEOLOGICAL SURVEY

# 地质钻探装备

DIZHI ZUANTAN
ZHUANGBEI TUCE

# 图册

梁 健 李鑫淼 ⊙ 主编

中国地质科学院勘探技术研究所
中国地质学会探矿工程专业委员会 ⊙ 组编

工 欲 善 其 事 必 先 利 其 器

中南大学出版社
www.csupress.com.cn
·长 沙·

U0669094

# 编 委 会

# 前言

Foreword

　　中国地质科学院勘探技术研究所围绕新一轮找矿突破战略行动、深地探测、深海探测等国家重大需求，聚焦能源资源勘探开发、深地科学钻探、海洋地质钻探等重点前沿领域，持续推进地质钻探技术装备的创新研发和推广应用，在支撑服务国家重大需求和经济建设中发挥了重要作用。

　　历经技术装备的迭代攻关，中国地质科学院勘探技术研究所创新研发了系列地质岩心钻机、水文水井钻机、岩土工程钻掘设备、钻井液冷却设备、海洋钻探吸力锚等钻探装备，以及系列钻头、取心钻具、孔底动力钻具、钻杆、井下测量仪器、事故处理工具等钻探机具，构建了地质钻探技术装备体系。依托上述技术装备，完成了 5000 m 特深孔地热勘探示范应用、深部热能(干热岩)勘查试采、战略性紧缺矿产资源勘查、土耳其等国内外天然碱矿钻采、中国大陆科学钻探"松科二井"、海域天然气水合物试采、天然气水合物钻采船(大洋钻探船)建造等多项重点工程。

　　本图册系统梳理了中国地质科学院勘探技术研究所的代表性地质钻探装备科研成果，供广大读者参考。图册共分为两章，第一章为钻探装备，包括 XD 系列变频电顶驱岩心钻机、YDX 系列全液压岩心钻机、SDC 系列全液压车装水井钻机、CGJ 系列搓管机、GBS 系列非开挖铺管钻机、钻井液冷却设备、吸力锚等 4 大类型、15 个系列、38 种型号。第二章为钻探机具，包括系列桩基础大口径钻头、KT 系列大直径取心钻具、YZX 系列液动锤、KWL 系列全面钻进涡轮钻具、系列绳索取心钻杆、系列铝合金钻杆、"慧慈"高精度定向中靶系统、事故处理工具等 6 大类型、25 个系列、98 种型号。本图册共计采用各类图片 382 张，包括地表钻探装备图片 182 张、孔内钻探机具图片 200 张，配以通俗易懂的文字描述，直观形象地展示了各类型地质钻探装备的主要组成部件及关键部件的结构设计特点，同时介绍了相关技术参数及推广应用情况，力求使广大读者能够便捷详尽地获取相关钻探装备从设计研发到推广应用全过程的主要信息。

本图册的出版得到了中国地质调查局地质调查项目"固体矿产高效精准勘探技术及自动化钻探装备升级与应用"的经费支持。特别感谢中国地质调查局装备部对图册内容给予的指导和帮助，感谢中南大学地球科学与信息物理学院孙平贺教授、中南大学出版社刘小沛编辑在图册出版过程中给予的支持和帮助。

本图册采用的图片量较大、数据较多，同时限于作者的认识和水平，难免有疏漏和不足之处，敬请各位同行专家和广大读者批评指正。

# 目 录

CONTENTS

# 第一章

# 钻探装备

工 欲 善 其 事 必 先 利 其 器

# 第一节　岩心钻机

## 一、XD 系列变频电顶驱岩心钻机

### (一) XD 系列变频电顶驱岩心钻机组成

**简介：**变频电顶驱岩心钻机融合机械、电气、液压、电子及信息化技术为一体，包括井架、变频电顶驱、主绞车、绳索绞车、VFD房、司钻房、铁钻工、自动猫道、泥浆泵及泥浆固控系统等设备，适用于矿产勘探、地热井钻探、煤层气勘探及页岩气勘探等。

主要组成部件：

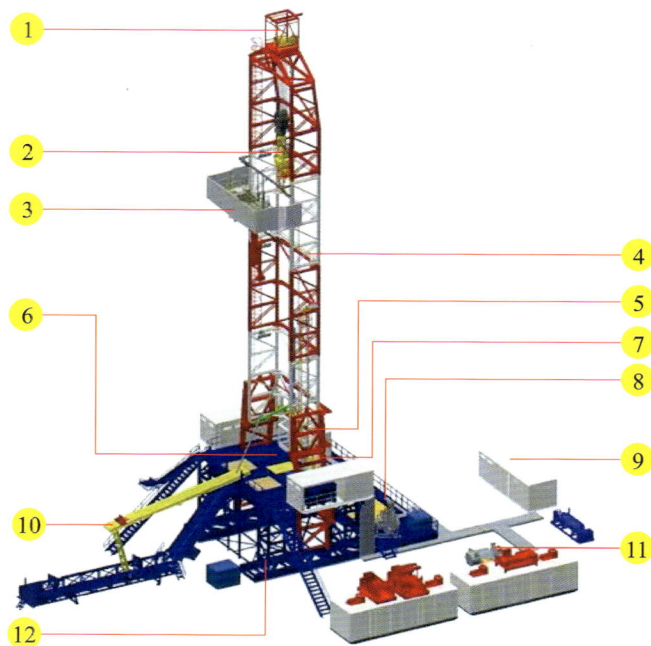

部件名称

| 序号 | 名称 |
|------|------|
| 1 | 天车 |
| 2 | 变频电顶驱 |
| 3 | 二层台 |
| 4 | 井架 |
| 5 | 司钻房 |
| 6 | 铁钻工 |
| 7 | 主绞车 |
| 8 | 绳索绞车 |
| 9 | VFD 房 |
| 10 | 自动猫道 |
| 11 | 泥浆泵及固控系统 |
| 12 | 底座 |

**主要组成部件简介：**

**1. 天车**

天车是安装在井架上部的定滑轮组起重装置，与游车配合，用于起升和下放顶驱、钻具、套管等。

大钩

顶驱

**2. 变频电顶驱**

变频电顶驱上端悬挂于大钩上，下端连接钻杆，为钻具回转提供扭矩，可实现无级调速。

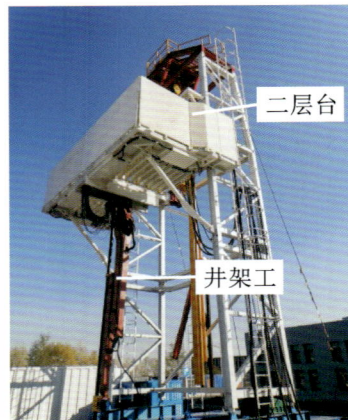

二层台

井架工

**3. 二层台**

二层台用来存放钻杆，其上设有井架工，负责钻杆的自动摆放。

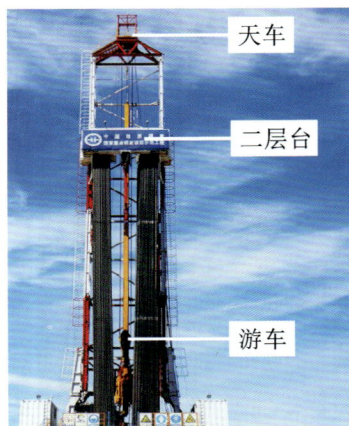

天车

二层台

游车

**4. 井架**

井架属于起升系统，用于安放天车、游车等吊升系统设备和工具，以及起下和存放钻具，为钢架结构，主要包括塔式井架和自升式井架两种形式。

**5. 司钻房**

司钻房是司钻操作控制钻机的工作场所。

**6. 铁钻工**

铁钻工用于钻杆、钻具上扣、卸扣，主要包括背钳、卸扣钳、浮动旋扣钳三个部分。

**7. 主绞车**

主绞车是钻机上的起重设备，用于起下钻具、下套管、控制钻压等操作。

**8. 绳索绞车**

绳索绞车是升降绳索取心钻具内管总成的专用绞车。

**9. VFD 房**

VFD 房用于控制发电机输出功率、调控电流频率。

**10. 自动猫道**

自动猫道用于在地表和钻台间输送钻杆、钻具。

**11. 泥浆泵及固控系统**

泥浆泵及固控系统用于泥浆（钻井液）的固相控制和固液分离，在保证钻井液性能的条件下，实现泥浆的重复循环利用。

**12. 底座**

底座是用于安装钻机部件，承受大钩载荷和立根载荷的钢架结构平台。

## （二）XD-40 型变频电顶驱岩心钻机

**简介：** XD-40 型变频电顶驱岩心钻机 H 口径钻具钻深能力达 4000 m，该钻机以 400 V 电源为原动力，采用全转矩控制、机械化作业和数字化操作的工作模式，融机械、电气、液压、气压、电子及信息化于一体，可满足金刚石绳索取心、冲击回转、定向钻进、反循环连续取心(样)等多种深孔地质钻探工艺要求，广泛应用于地质矿产、水文水井、煤炭、油气勘探。

XD-40 型变频电顶驱岩心钻机于中国地质科学院勘探技术研究所中试基地组装调试

XD-40 型变频电顶驱岩心钻机于天津实施地热调查钻井

**XD-40 型变频电顶驱岩心钻机主要技术参数**

| 名称 | | 单位 | 数值 |
|---|---|---|---|
| 钻深 | H 口径（φ95 mm 钻头） | m | 4000 |
| 动力头 | 转速 | r/min | 0~600 |
| | 扭矩 | N·m | 0~8000 |
| | 给进行程 | m | 20 |
| 钻塔 | 高度 | m | 28~31 |
| 立根提升 | 长度 | m | 18 |
| 转盘 | 转速 | r/min | 0~80 |
| | 扭矩 | kN·m | 0~20 |
| 主绞车 | 单绳提升能力 | kN | 150 |
| | 单绳最大速度 | m/s | 3 |
| 绳索绞车 | 单绳提升能力 | kN | 40 |
| | 光鼓最大速度 | m/min | 90 |
| 动力系统 | 额定功率 | kW | 440 |

### (三) XD-50 型变频电顶驱岩心钻机

简介：近年来，XD-50 型变频电顶驱岩心钻机在全场设备全程作业智能集成控制系统、井口管柱自动化作业系统等方面取得重要进展，具有本地操作、无线遥控器和司钻房集成控制操作三种操作方式，可实现地质管柱作业单元工序的一键操作、管柱作业工序之间的自动衔接、管柱作业与钻进作业的融合（主副司钻）。中国地质科学院勘探技术研究所研制的地质钻探井架工实现了小口径、外平、薄壁、柔性管柱在游车、井口等多工位之间的高效空间移运，研制的地质铁钻工具有高强度、高效率、高频次的特点，可实现钻杆推靠、扶正、夹持、退扣、旋扣等工序的精准操作。

XD-50 型变频电顶驱岩心钻机于河北博野实施地热钻井

**XD-50 型变频电顶驱岩心钻机主要技术参数**

| 名称 | | 单位 | 数值 |
|---|---|---|---|
| 钻深 | H 口径（$\phi$95 mm） | m | 5000 |
| 顶驱 | 转速 | r/min | 0~260~600/0~85~200 |
| | 扭矩 | N·m | 0~4030~9300/0~12100~28500 |
| | 给进行程 | m | 35 |
| 钻塔 | 高度 | m | 41 |
| 立根提升 | 长度 | m | 28.5 |
| 转盘 | 转速 | r/min | 0~300 |
| | 扭矩 | kN·m | 255 |
| 主绞车 | 单绳提升能力 | kN | 170 |
| | 自动送钻速度 | m/min | 0~0.4 |
| 绳索绞车 | 单绳提升能力 | kN | 50 |
| | 光鼓提升速度 | m/min | 0~60 |

# 二、YDX 系列全液压岩心钻机

## (一) YDX 系列全液压岩心钻机组成

**简介：** YDX 系列全液压岩心钻机主要用于固体矿产勘探，也可用于水井、锚固、工程地质钻探。该系列钻机创新研发了大通孔氮气弹簧卡盘、长行程给进桅杆、多挡无级调速动力头等核心部件及关键技术，具有钻进能力大、工艺适应性强、稳定性好、操作便捷、作业效率高、使用维护方便等特点。

**主要组成部件：**

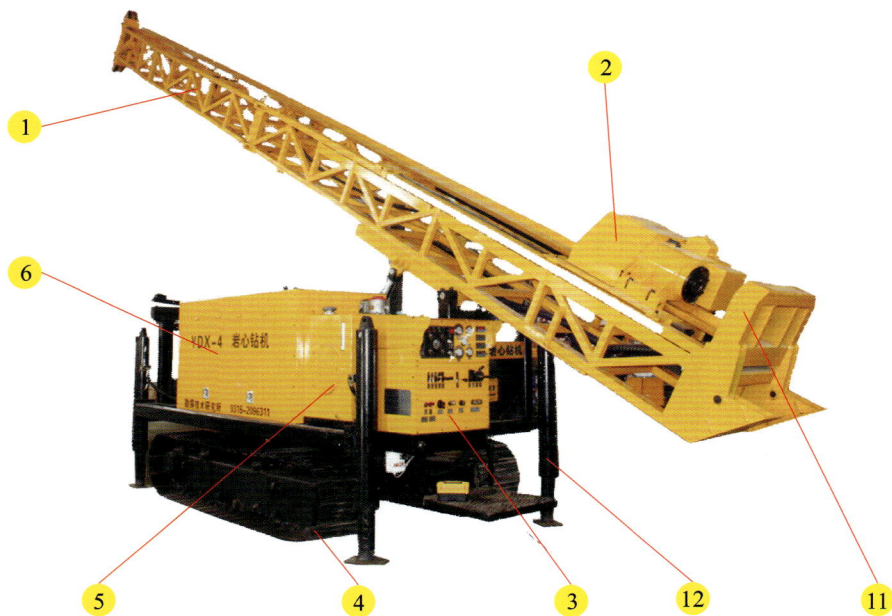

注：部件 7~10 在图片背面，无法直接展示。

**部件名称**

| 序号 | 名称 |
|------|------|
| 1 | 桅杆 |
| 2 | 动力头 |
| 3 | 操作台 |
| 4 | 底盘 |
| 5 | 液压油箱 |
| 6 | 柴油机 |
| 7 | 主绞车 |
| 8 | 绳索取心绞车 |
| 9 | 柴油箱 |
| 10 | 泥浆泵 |
| 11 | 孔口板 |
| 12 | 液压支腿 |

**主要组成部件简介：**

**1. 桅杆**

桅杆可折叠，便于运输，可实施垂直孔及斜孔钻探。

**2. 动力头**

动力头安装在桅杆上，由变量液压马达驱动，可实现精准无级调速，采用旋转设计，横向打开后可让开孔口，便于快速提钻。

**3. 操作台**

操作台是操控钻机运行的工作台，通过仪表盘可观测实时钻进数据，同时配有无线遥控操作装置。

液压油箱

**4. 液压油箱**

液压油箱是用来储存保证钻机液压系统工作所需油液的容器，安装有过滤装置，以实时进行液压油净化。

柴油机

**5. 柴油机**

柴油机为钻机提供动力，采用东风康明斯柴油发动机。

**6. 孔口板**

孔口板用于保持钻井过程中钻杆的对中性。

## （二）YDX-1 型全液压岩心钻机

**简介**：YDX-1 型全液压岩心钻机是针对"难进入"地区钻探研发的，N 口径钻深达 400 m，采用模块化、轻量化设计，具有设备运移便捷等特点。钻机能够以巡航模式或优化模式实现自动化钻进，自动化控制系统相关传感器通过 CAN 总线与计算机连接，系统可靠性高、抗干扰能力强，同时配套研发了远程无线数据传输系统，能够实现现场数据的远程无线传输。

YDX-1 型全液压岩心钻机

YDX-1 型全液压岩心钻机于山东实施金矿勘探

**YDX-1 型全液压岩心钻机技术参数**

| 名称 | | 单位 | 数值 |
|---|---|---|---|
| 钻深 | N 口径 | m | 400 |
| 动力头 | 转速 | r/min | 0～1100 |
| | 通孔直径 | mm | $\phi95$ |
| | 扭矩 | N·m | 500～2200 |
| 给进系统 | 提升能力 | kN | 120 |
| | 给进能力 | kN | 60 |
| | 给进行程 | m | 1.8 |
| 绳索绞车 | 提升能力 | kN | 10 |
| | 容绳量 | m | 500 |
| 动力系统 | 额定功率 | kW | 99 |

## (三) YDX-2 型全液压岩心钻机

　　**简介:** YDX-2 型全液压岩心钻机专门为固体矿藏地表取心施工而设计, N 口径钻深达 600 m, 适用于金刚石绳索取心、冲击回转、定向钻进、反循环连续取心(样)等多种高效钻探工艺方法, 也可用于水井、锚固孔、工程地质钻孔施工。

YDX-2 型全液压岩心钻机

YDX-2 型全液压岩心钻机于内蒙古
实施地质岩心钻探

**YDX-2 型全液压岩心钻机技术参数**

| 名称 | | 单位 | 数值 |
|---|---|---|---|
| 钻深 | N 口径 | m | 600 |
| 动力头 | 转速 | r/min | 0~1000 |
| | 通孔直径 | mm | $\phi$95 |
| | 扭矩 | N·m | 500~4200 |
| | 变速箱 | — | 手控 4 挡 |
| 给进系统 | 提升能力 | kN | 100 |
| | 给进能力 | kN | 40 |
| | 给进行程 | m | 3.3 |
| 主绞车 | 提升能力 | kN | 48 |
| | 容绳量 | m | 60 |
| 绳索绞车 | 提升能力 | kN | 11 |
| | 容绳量 | m | 1100 |
| 动力系统 | 驱动功率 | kW | 93 |

## (四) YDX-3 型全液压岩心钻机

**简介**：YDX-3 型全液压岩心钻机研制于 2006 年，N 口径钻深达 1000 m，采用全液压驱动，操控精准便捷，钻机底盘有拖车式和履带式两种。与传统的立轴式岩心钻机相比，取心作业效率、适用性及安全性更高，产品已出口到澳大利亚、俄罗斯、吉尔吉斯斯坦、蒙古国等国。

YDX-3 型全液压岩心钻机

YDX-3 型全液压岩心钻机于新疆实施地质岩心钻探

**YDX-3 型全液压岩心钻机技术参数**

| 名称 | | 单位 | 数值 |
|---|---|---|---|
| 钻深 | N 口径 | m | 1000 |
| 动力头 | 转速 | r/min | 0~1200 |
| | 通孔直径 | mm | $\phi 117$ |
| | 扭矩 | N·m | 500~4200 |
| | 变速箱 | — | 手控 4 挡 |
| 给进系统 | 提升能力 | kN | 100 |
| | 给进能力 | kN | 40 |
| | 给进行程 | m | 3.3 |
| 主绞车 | 提升能力 | kN | 68 |
| | 容绳量 | m | 60 |
| 绳索绞车 | 提升能力 | kN | 11 |
| | 容绳量 | m | 1200 |
| 动力系统 | 额定功率 | kW | 132 |

## （五）YDX-4 型全液压岩心钻机

简介：YDX-4 型全液压岩心钻机采用全液压驱动，配备有液压孔口夹持器、液压驱动泥浆泵、液压驱动泥浆搅拌器、4 挡变速箱、变量液压马达和液压主绞车等部件，N 口径钻深达 1500 m，钻进过程中可实现无级转速调速、自动放绳等功能，整机性能可靠、操作便捷。

YDX-4 型全液压岩心钻机

YDX-4 型全液压岩心钻机于青海实施地质岩心钻探

**YDX-4 型全液压岩心钻机技术参数**

| 名称 | | 单位 | 数值 |
|---|---|---|---|
| 钻深 | N 口径 | m | 1500 |
| 动力头 | 转速 | r/min | 0～1200 |
| | 通孔直径 | mm | $\phi117$ |
| | 扭矩 | N·m | 650～5800 |
| | 变速箱 | — | 手控 4 挡 |
| 给进系统 | 提升能力 | kN | 200 |
| | 给进能力 | kN | 80 |
| | 给进行程 | m | 3.3 |
| 主绞车 | 提升能力 | kN | 136 |
| | 容绳量 | m | 42 |
| 绳索绞车 | 提升能力 | kN | 15 |
| | 容绳量 | m | 2200 |
| 动力系统 | 额定功率 | kW | 179 |

## (六) YDX-5 型全液压岩心钻机

**简介:** YDX-5 型全液压岩心钻机在前期机型的研发和应用基础上进行了升级,研制了大通孔氮气弹簧卡盘、长行程给进桅架、多挡无级调速动力头等核心部件,在关键技术方面取得了突破,N 口径钻深达 2000 m,具有工艺适应性强、稳定性好、移动便利、使用维护方便等特点。

YDX-5 型全液压岩心钻机

YDX-5 型全液压岩心钻机于山东实施地质岩心钻探

**YDX-5 型全液压岩心钻机技术参数**

| 名称 | | 单位 | 数值 |
|---|---|---|---|
| 钻深 | N 口径 | m | 2000 |
| 动力头 | 转速 | r/min | 0~1200 |
| | 通孔直径 | mm | $\phi117$ |
| | 扭矩 | N·m | 650~5800 |
| | 变速箱 | — | 手控 4 挡 |
| 给进系统 | 提升能力 | kN | 200 |
| | 给进能力 | kN | 80 |
| | 给进行程 | m | 3.3 |
| 主绞车 | 提升能力 | kN | 180 |
| | 容绳量 | m | 42 |
| 绳索绞车 | 提升能力 | kN | 15 |
| | 容绳量 | m | 2200 |
| 动力系统 | 额定功率 | kW | 194 |

## （七）YDX-6 型全液压岩心钻机

**简介：** YDX-6 型全液压岩心钻机为多功能钻探装备，N 口径钻深达 3500 m，既可用于深孔岩心钻进，也可用于浅部石油勘探，以及新兴能源如煤层气、页岩气、干热岩等的勘探，既可以实施丛式井，又可以钻进定向孔。

YDX-6 型全液压岩心钻机

YDX-6 型全液压岩心钻机于辽宁沈阳
实施地质岩心钻探

**YDX-6 型全液压岩心钻机技术参数**

| 名称 | | 单位 | 数值 |
|---|---|---|---|
| 钻深 | N 口径 | m | 3500 |
| 动力头 | 转速 | r/min | 0～600 |
| | 通孔直径 | mm | 119 |
| | 扭矩 | N·m | 3000～13000 |
| 给进系统 | 提升能力 | kN | 750 |
| | 给进能力 | kN | 80 |
| | 给进行程 | m | 20 |
| 主绞车 | 提升能力 | kN | 30 |
| | 容绳量 | m | 50 |
| 绳索绞车 | 提升能力 | kN | 30 |
| | 容绳量 | m | 4000 |
| 动力系统 | 额定功率 | kW | 392 |

# 三、其他类型岩心钻机

## (一)"盐湖探险一号"钻机

**简介:**"盐湖探险一号"钻机主要用于在沼泽、滩涂、水域等复杂地区进行取心钻探、原位测试、科学探险、考察、工程地质勘探,尤其适用于在高原盐湖地区、软弱地基上的滨海滩涂和有水的潮间带进行钻探施工,配备其他辅助设备可完成河道清淤挖掘、管道铺设、丛林清障、荒地开垦、喷洒农药等工作。

**"盐湖探险一号"钻机**

**"盐湖探险一号"钻机技术参数**

| 名称 | 单位 | 数值 |
|---|---|---|
| 车速 | km/h | 陆上 0~6/水中 0~3 |
| 爬坡度 | (°) | 30 |
| 浮力储备 | % | 22 |
| 接地比压 | MPa | 0.01 |
| 液压系统压力 | MPa | 35 |
| 钻进能力 | m | 30 |
| 钻机扭矩 | N·m | 1400 |
| 提升力 | kN | 25 |
| 加压力 | kN | 17 |
| 给进行程 | m | 1.8 |
| 绞车拉力 | t | — |
| 拖曳绞车拉力 | kN | 50 |
| 拖曳绞车容绳量 | m | 30 |
| 绞车钢丝绳直径 | mm | 12 |
| 整机质量 | t | 6 |
| 外形尺寸 | mm×mm×mm | 5100×3200×3200 |

## （二）"海勘一号"钻机

**简介：**"海勘一号"钻机主要用于在沼泽、滩涂、水域等复杂地区进行取心钻探、原位测试、科学探险、考察、工程地质勘探，尤其适合在高原盐湖缺氧地区及软弱地基上的滨海滩涂和有水的潮间带进行钻探工作等，配备其他辅助设备可完成河道清淤挖掘、管道铺设、丛林清障等工作。

"海勘一号"钻机

"海勘一号"钻机于山东青岛实施滩涂区钻探

**"海勘一号"钻机技术参数**

| 名称 | 单位 | 数值 |
|---|---|---|
| 车速 | km/h | 陆上 0~6/水中 0~3 |
| 爬坡度 | （°） | 30 |
| 浮力储备 | % | 30 |
| 接地比压 | MPa | 0.014 |
| 液压系统压力 | MPa | 35 |
| 钻进能力 | m | 50 |
| 钻机扭矩 | N·m | 1400 |
| 提升力 | kN | 49 |
| 加压力 | kN | 24 |
| 给进行程 | m | 1.8 |
| 绞车拉力 | t | 1.1 |
| 拖曳绞车拉力 | kN | 46 |
| 拖曳绞车容绳量 | m | 30 |
| 绞车钢丝绳直径 | mm | 12 |
| 整机质量 | t | 9.6 |
| 外形尺寸 | mm×mm×mm | 6600×3650×3400 |

## (三) KD-600 型全液压坑道钻机

**简介：** KD-600 型全液压坑道钻机适用于坑道内 360°的岩心钻探施工。采用履带式底盘，全液压驱动，运移灵活，操作便捷。

**KD-600 型全液压坑道钻机**

**KD-600 型全液压坑道钻机技术参数**

| 名称 | 单位 | 数值 |
|---|---|---|
| 钻探能力 | m | 600 |
| 额定功率 | kW | 90 |
| 回转速度 | r/min | 0～1200 无级调速 |
| 扭矩范围 | N·m | 480～3000 |
| 动力头行程 | mm | 1800 |
| 最大提升力 | kN | 150 |
| 最大加压力 | kN | 150 |
| 副卷扬最大提升力 | kN | 10 |
| 孔口夹持器最大夹持力 | kN | 150 |
| 液压系统最高压力 | MPa | 29 |

# 第二节　水文水井钻机

## 一、SDC 系列全液压车装水井钻机组成

**简介**：SDC 系列全液压车装水井钻机是全液压车载动力头钻井施工设备。钻机搭载高性能汽车底盘，机动性强。动力机组采用大功率电机或柴油机驱动，符合环保标准。全液压驱动，电液操控，可显著减轻工人劳动强度，提高工作效率。针对不同地层可采用泥浆正循环、气举反循环、空气钻进、跟管钻进等钻进工艺，达到快速钻进的目的。可配套 73 mm、88.9 mm、114.3 mm、127 mm API 标准钻杆、外平钻杆或双壁钻杆钻进，适应性强。

**主要组成部件**：

注：图中无法表示所有部件，详见部件简介。

**部件名称**

| 序号 | 名称 |
| --- | --- |
| 1 | 车架底盘 |
| 2 | 主卷扬伸缩吊臂 |
| 3 | 桅杆 |
| 4 | 主卷扬 |
| 5 | 副卷扬回转吊臂 |
| 6 | 副卷扬 |
| 7 | 浮动装置 |
| 8 | 卸扣装置 |
| 9 | 气水系统 |
| 10 | 液压油箱 |
| 11 | 动力头 |
| 12 | 水龙头 |

**主要组成部件简介：**

**1. 车架底盘**

车架底盘主要由驾驶室、动力系统、车架底盘、传动系统、轮系、前后支腿系、桅杆前后支架组成，在驾驶室内不仅可以操纵汽车的运行，还可以通过上车按钮+离合器操作完成汽车柴油机动力从汽车向液压系统的转换。

**2. 主卷扬伸缩吊臂**

吊臂装置主要为装卸钻具而设置，主卷扬吊臂可伸出或缩进。

**3. 桅杆**

钻机的一些主要工作部件，如动力头、吊臂装置、卸扣装置、链轮系、滑轮系、给进油缸、孔口装置、主卷扬等，均安装在桅杆上。

**4. 主卷扬**

主卷扬主要用于装卸钻具，也可以做一些施工的辅助吊卸工作。

**5. 副卷扬回转吊臂**

副卷扬回转吊臂可转动，以方便装卸钻具。

**6. 副卷扬**

主要用于吊卸钻进辅助工具，辅助进行钻探作业。

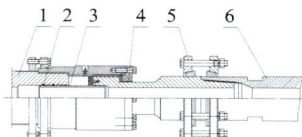

**图3　乳动装置结构简图**
1—动力头主轴；2—密封圈；3—芯管；
4—导向带；5—锁紧螺母；6—变丝接头

### 7. 浮动装置

浮动装置为上卸扣动作提供伸缩空间，下端连变丝短钻杆，为防止钻机钻进时变丝短钻杆与浮动装置拧得过紧难于拆卸，特在浮动装上加了防松装置。防松装置有两种类型，一种采用八方接头形式，另一种采用锥套锁紧装置。

卸扣装置

### 8. 卸扣装置

卸扣装置包括液压卸扣钳和钻具夹持器。钻具夹持器夹紧钻杆接头下端，液压卸扣钳夹紧接头上端进行卸扣，也可执行钻杆上扣操作。

### 9. 气水系统

气水系统由气路系统和水路系统组成。钻机工作时需要根据不同的地层要求采用不同的钻进工艺，从而需要不同的钻进气或钻进液。钻进所需的压缩空气由外配空压机提供，所需的泥浆或泡沫由安装在钻机上的泥浆泵（选配）或泡沫泵提供。

### 10. 液压系统

液压系统由油泵回路（含油箱）、液压支腿回路、液压卷扬机回路、卸扣油缸回路、给进系统回路、桅杆起升回路、桅杆滑移回路、伸缩吊臂回路、副卷扬伸缩回转回路、减压钻进回路、恒压钻进回路、快速升降回路，动力头回转回路、动力头抬头回路及相关部件组成。

### 11. 动力头

动力头上、下部分别集成了水龙头和浮动装置。在给进装置的作用下，动力头可以拉动钻具沿桅杆导轨作往复运动，因而其不仅为钻具的钻进提供正反转运动，还能作为钻进所需气水的通道和钻具运动的驱动机构。

### 12. 水龙头

水龙头是连接静止部件与旋转部件的密封气水通路，旋转密封于密封座套与芯管之间。

## 二、SDC-1000 型全液压车装水井钻机

**简介**：SDC-1000 型全液压车装水井钻机主要用于煤层气抽采井快速钻孔、浅层油气井、抢险救援井，以及勘探孔、物探孔、地热井、水井等不同孔径钻孔的施工。

SDC-1000 型全液压车装水井钻机

SDC-1000 型全液压车装水井钻机
于山东实施水井钻探

**SDC-1000 型全液压车装水井钻机技术参数**

| 名称 | | 单位 | 数值 |
|---|---|---|---|
| 汽车底盘 | | — | 8×4 |
| 发动机功率 | | hp | 290 |
| 动力头 | 转速 Ⅰ/Ⅱ | r/min | 60/130 |
| | 扭矩 Ⅰ/Ⅱ | N·m | 13000/5000 |
| 提升系统 | 提升力 | kN | 462 |
| | 下压力 | kN | 226 |
| | 提升速度 Ⅰ/Ⅱ | m/s | 0.5/0.04 |
| | 下降速度 Ⅰ/Ⅱ | m/s | 0.8/0.06 |
| | 行程 | m | 11.50 |
| 桅杆 | 形式/高度 | m | ∏型/14.5 |
| 主卷扬 | 提升力 | kN | 40 |
| | 提升速度 | m/s | 60 |
| 副卷扬 | 提升力 | kN | 20 |
| | 提升速度 | m/s | 60 |
| 总质量 | | kg | 32000 |

注：1 hp=0.735 kW。

## 三、SDC-1500 型全液压车装水井钻机

简介：SDC-1500 型全液压车装水井钻机主要用于煤层气抽采井快速钻孔、浅层油气井、抢险救援井，以及勘探孔、物探孔、地热井、水井等不同孔径钻孔的施工。

SDC-1500 型全液压车装水井钻机

SDC-1500 型全液压车装水井钻机
于土耳其实施碱矿对接井

**SDC-1500 型全液压车装水井钻机技术参数**

| 名称 | | 单位 | 数值 |
|---|---|---|---|
| 汽车底盘 | | — | 8×4 |
| 发动机功率 | | hp | 420 |
| 动力头 | 转速 Ⅰ／Ⅱ | r/min | 60/128 |
| | 扭矩 Ⅰ／Ⅱ | N·m | 15400/7200 |
| 提升系统 | 提升力 | kN | 700 |
| | 下压力 | kN | 200 |
| | 提升速度 Ⅰ／Ⅱ | m/s | 0.3/0.02 |
| | 下降速度 Ⅰ／Ⅱ | m/s | 0.6/0.06 |
| | 行程 | m | 14 |
| 桅杆 | 形式/高度 | m | ∏型/15 |
| 主卷扬 | 提升力 | kN | 40 |
| | 提升速度 | m/s | 60 |
| 副卷扬 | 提升力 | kN | 20 |
| | 提升速度 | m/s | 60 |
| 总质量 | | kg | 33000 |

# 四、SDC-2500 型全液压车装水井钻机

**简介：** SDC-2500 型全液压车装水井钻机主要用于煤层气抽采井快速钻孔、浅层油气井、抢险救援井以及勘探孔、物探孔、地热井、水井等。可采用 $\phi73mm$、$\phi89\,mm$、$\phi114\,mm$、$\phi127\,mm$ 标准钻杆，进行空气、泥浆及泡沫正循环钻进，可采用 $\phi127\,mm$、$\phi146\,mm$ 双壁钻杆进行空气、气举循环钻进，也可采用液动、气动潜孔锤进行冲击回转钻进。

SDC-2500 型全液压车装水井钻机

SDC-2500 型全液压车装水井钻机实施地热钻井

SDC-2500 型全液压车装水井钻机技术参数

| 名称 | | 单位 | 数值 |
|---|---|---|---|
| 汽车底盘 | | — | 10×6 |
| 发动机功率 | | hp | 575 |
| 动力头 | 转速 Ⅰ／Ⅱ | r/min | 120／192 |
| | 扭矩 Ⅰ／Ⅱ | N·m | 29000／8050 |
| 提升系统 | 提升力 | kN | 1100 |
| | 下压力 | kN | 200 |
| | 提升速度 Ⅰ／Ⅱ | m/s | 0.6／0.2 |
| | 下降速度 Ⅰ／Ⅱ | m/s | 0.6／0.2 |
| | 行程 | m | 15.5 |
| 桅杆 | 形式/高度 | m | 伸缩型/12.5 |
| 主卷扬 | 提升力 | kN | 40 |
| | 提升速度 | m/s | 60 |
| 副卷扬 | 提升力 | kN | 20 |
| | 提升速度 | m/s | 60 |
| 总质量 | | kg | 55000 |

# 第三节　岩土钻掘设备

## 一、旋挖型搓管机

### (一) 旋挖型搓管机组成

**简介：** 旋挖型搓管机是配套旋挖钻机进行全套管灌注桩施工的钻拔套管钻机，由旋挖型搓管机主机、变径卡瓦、搓管机连接架、液压泵站、套管钻具等组成，是全液压自动化遥控钻机，可实现套管的夹持、搓管、钻进和起拔等功能。产品已系列化，同时可针对用户需求进行定制和升级。全套管旋挖施工技术具有旋挖成孔和灌注混凝土全程套管护壁的独特优势，尤其适用于复杂地层，无泥浆循环、无振动、低噪音，可临近地铁线和重要建筑物施工，广泛应用于城市深基坑围护咬合桩、建筑和道桥基础桩、市政竖井和抢险救援等工程。

**主要组成部件：**

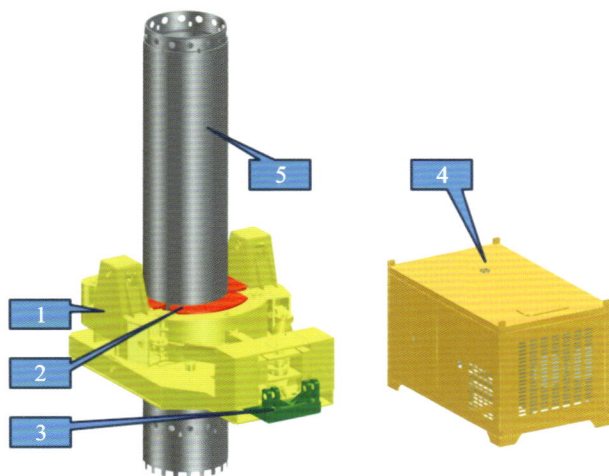

| 部件名称 | |
|---|---|
| 序号 | 名称 |
| 1 | 旋挖型搓管机主机 |
| 2 | 变径卡瓦 |
| 3 | 搓管机连接架 |
| 4 | 液压泵站 |
| 5 | 套管钻具 |

**主要组成部件简介：**

**1. 旋挖型搓管机主机**
旋挖型搓管机主机属于短型搓管机，执行夹持、搓管等操作。

**2. 变径卡瓦**
变径卡瓦分为上变径卡瓦和下变径卡瓦，分别对应上卡盘和下卡盘。搓管机安装不同直径的变径卡瓦，可以施工相应直径的套管。

**3. 旋挖机连接架**
旋挖机连接架是搓管机连接旋挖钻机的机械连接部件，有多种连接形式，适配于国内外各种旋挖钻机。

旋挖机连接架

**4. 液压泵站**
液压泵站为搓管机提供单独的液压动力，有柴油机驱动和电机驱动两种形式，泵站的 PLC 电控系统可实现搓管机的自动化功能升级和故障自诊断功能，比直连型搓管机施工效率更高，售后服务更便捷。

## （二）CGJ-1500S 旋挖型搓管机

**简介：** CGJ-1500S 旋挖型搓管机包括自带泵站型和直连旋挖型两种机型，采用了 PLC 控制器，以及有线和无线遥控操作装置，夹持套管后小角度往复搓动套管，减少钻进和起拔套管的阻力，垂直钻进精度高，最大施工套管直径达 1500 mm，可配套国内外各种型号的旋挖钻机。该型搓管机相继出口俄罗斯、美国、中东、东南亚等地区，实施了青藏铁路、俄罗斯西伯利亚金矿等多个代表性桩基工程。

**CGJ-1500S 旋挖型搓管机技术参数**

| 名称 | 单位 | 数值 |
|---|---|---|
| 搓管直径 | mm | 800~1500 |
| 搓管扭矩 | kN·m | 1900 |
| 行程 | mm | 450 |
| 起拔力 | kN | 1880 |
| 夹管力 | kN | 2100 |
| 长×宽×高 | mm×mm×mm | 4280×2500×1750 |
| 质量 | kg | 18000 |

CGJ-1500S 旋挖型搓管机出口美国西雅图
实施旋挖全套管钻掘施工

CGJ-1500S 旋挖型搓管机出口俄罗斯西伯利亚
实施大直径矿井采掘施工

## (三) CGJ-2000S 旋挖型搓管机

**简介：** CGJ-2000S 旋挖型搓管机包括自带泵站型和直连旋挖型两种机型，采用了 PLC 控制器，以及有线和无线遥控操作装置，夹持套管后小角度往复搓动套管，减少钻进和起拔套管的阻力，垂直钻进精度高，最大施工套管直径达 2000 mm。该型搓管机已出口至多个国家，实施了俄罗斯跨海大桥等多个代表性桩基工程。

CGJ-2000S 旋挖型搓管机于俄罗斯海参崴
实施 $\phi$2000 mm 跨海大桥全套管灌注桩

CGJ-2000S 旋挖型搓管机于重庆实施
中航国际 $\phi$2000 mm 全套管灌注桩

**CGJ-2000S 旋挖型搓管机技术参数**

| 名称 | 单位 | 数值 |
|------|------|------|
| 搓管直径 | mm | 1200~2000 |
| 搓管扭矩 | kN·m | 2860 |
| 行程 | mm | 450 |
| 起拔力 | kN | 2280 |
| 夹管力 | kN | 2250 |
| 长×宽×高 | mm×mm×mm | 4860×3100×1750 |
| 质量 | kg | 22000 |

## （四）CGJ-2650S 旋挖型搓管机

**简介：** CGJ-2650S 旋挖型搓管机是为用户定制的超大直径搓管机产品，最大施工套管直径达 2650 mm。依托该型钻机，成功实施了广东揭阳榕江北河特大桥主桥墩桩基工程，成功钻拔出长 40 m 的 $\phi$2120 mm 钢套管和灌注桩，采用创新研发的双套管护壁技术，有效解决了复杂岩溶地层 80 m 大深度 $\phi$2000 mm 大口径套管灌注桩的施工难题。

CGJ-2650S 旋挖型搓管机于广东揭阳实施榕江北河特大桥主桥墩桩基工程

**CGJ-2650S 旋挖型搓管机技术参数**

| 名称 | 单位 | 数值 |
|---|---|---|
| 搓管直径 | mm | 1200～2000 |
| 搓管扭矩 | kN·m | 2860 |
| 行程 | mm | 450 |
| 起拔力 | kN | 2280 |
| 夹管力 | kN | 2250 |
| 长×宽×高 | mm×mm×mm | 4860×3100×1750 |
| 质量 | kg | 22000 |

# 二、冲抓型搓管机

## （一）冲抓型搓管机组成

**简介**：冲抓型搓管机是配套冲抓斗和履带吊机进行全套管灌注桩施工的小角度钻拔套管钻机，由搓管机主机、变径卡瓦、吊机接口板、液压泵站、套管钻具等组成，是全液压自动化遥控钻机，可实现套管的夹持、搓管、钻进和起拔等功能，产品已系列化，同时可针对用户需求进行定制和升级。全套管冲抓施工技术具有冲抓成孔和灌注混凝土全程套管护壁的独特优势，尤其适用于复杂地层、无泥浆循环、无振动、低噪音，可临近地铁线和重要建筑物施工，广泛应用于城市深基坑围护咬合桩、建筑和道桥基础桩、市政竖井和抢险救援等领域。

**主要组成部件：**

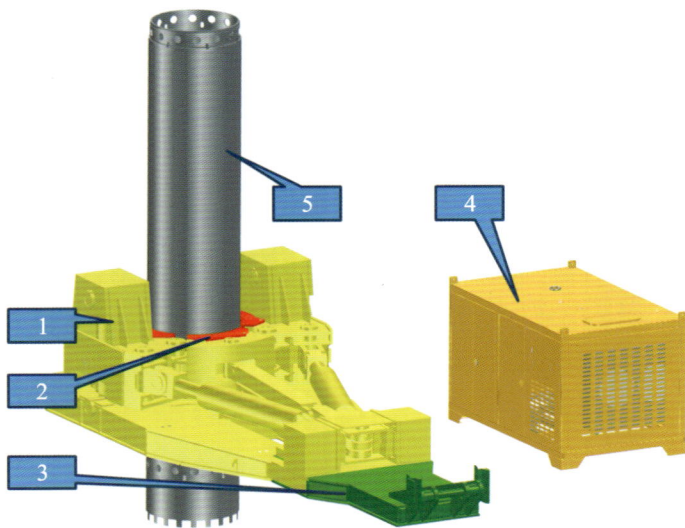

| 序号 | 名称 |
|------|------|
| 1 | 冲抓型搓管机主机 |
| 2 | 变径卡瓦 |
| 3 | 吊机接口板 |
| 4 | 液压泵站 |
| 5 | 套管钻具 |

部件名称

**主要组成部件简介：**

### 1. 冲抓型搓管机主机

冲抓型搓管机主机是一种长型搓管机，由卡盘、油缸、底架等组成，全液压遥控自动化操作，可实现套管的夹持、搓管、钻进和起拔等功能。分自带泵站和直连吊机两种机型。

### 2. 变径卡瓦

搓管机装上不同直径的变径卡瓦就可以施工不同直径的套管，分上变径和下变径两种形式，分别对应上卡盘和下卡盘。

### 3. 吊机接口板

吊机接口板是搓管机连接履带吊机的机械连接部件，分固定式和伸缩式两种，有多种连接形式，可配套国内外各种履带吊机。

### 4. 液压泵站

液压泵站为搓管机提供单独的液压动力，分柴油机驱动和电机驱动两种形式，泵站内的 PLC 电控可实现搓管机的自动化功能升级和故障自诊断功能，自带泵站型搓管机比直连型搓管机的施工效率更高，售后服务更便捷。

### 5. 套管钻具

套管钻具分标准型套管和重型套管两种，由单根套管、套管靴、上部喇叭口护帽等组成，套管内冲抓或旋挖取土，用搓管机钻进和起拔全孔套管。

## （二）CGJ-1500 冲抓型搓管机

**简介：**CGJ-1500 冲抓型搓管机通过连接履带吊机，采用冲抓斗或旋挖钻机取土成孔，最大施工套管直径为 1500 mm。该型搓管机由上卡盘、下卡盘、底架、液压控制箱、吊机接口板等组成，执行机构由夹紧油缸、搓管油缸、起拔油缸、扶正油缸等组成，夹持套管后小角度往复搓动套管，减少钻进和起拔套管的阻力，保证钻进垂直度。电控采用 PLC 控制器、有线和无线遥控，可连接国内外各种型号的履带吊机。该型搓管机支撑完成了上海世博园、澳门轻轨等工程的灌注桩施工。

CGJ-1500 冲抓型搓管机于上海实施世博园
$\phi$1000 mm 全套管冲抓灌注桩

CGJ-1500 冲抓型搓管机于澳门实施轻轨
工程 $\phi$1200 mm 全套管冲抓灌注桩

**CGJ-1500 冲抓型搓管机技术参数**

| 名称 | 单位 | 数值 |
|---|---|---|
| 搓管直径 | mm | 800～1500 |
| 搓管扭矩 | kN·m | 1900 |
| 行程 | mm | 450 |
| 起拔力 | kN | 1880 |
| 夹管力 | kN | 2100 |
| 长×宽×高 | mm×mm×mm | 6550×2550×1850 |
| 质量 | kg | 22000 |

### （三）CGJ-2000 冲抓型搓管机

**简介：** CGJ-2000 冲抓型搓管机通过连接履带吊机，采用冲抓斗或旋挖钻机取土成孔，最大施工套管直径为 2000 mm。钻机由上卡盘、下卡盘、底架、液压控制箱、吊机接口板等组成，执行机构由夹紧油缸、搓管油缸、起拔油缸、扶正油缸等组成，夹持套管后小角度往复搓动套管，减少钻进和起拔套管的阻力，保证钻进垂直度。电控采用 PLC 控制器、有线和无线遥控，可连接国内外各种型号的履带吊机。该型搓管机支撑完成了南京、深圳等地多项灌注桩施工。

CGJ-2000 冲抓型搓管机于江苏南京实施地铁 $\phi$1500 mm 全套管冲抓灌注桩

CGJ-2000 冲抓型搓管机于广东深圳实施 $\phi$1500 mm 全套管冲抓灌注桩

**CGJ-2000 冲抓型搓管机技术参数**

| 名称 | 单位 | 数值 |
|---|---|---|
| 搓管直径 | mm | 1200～2000 |
| 搓管扭矩 | kN·m | 2860 |
| 行程 | mm | 450 |
| 起拔力 | kN | 2280 |
| 夹管力 | kN | 2250 |
| 长×宽×高 | mm×mm×mm | 7600×3100×1750 |
| 质量 | kg | 36000 |

## （四）CGJ-1500L 重型搓管机

**简介：** CGJ-1500L 重型搓管机通过连接履带吊机，采用冲抓斗或旋挖钻机取土成孔，最大施工套管直径为 1500 mm，搓管能力在国内领先，是 40 m 以深全套管咬合桩施工的"独门利器"。钻机由上卡盘、下卡盘、底架、液压控制箱、吊机接口板等组成，执行机构由夹紧油缸、搓管油缸、起拔油缸、扶正油缸等组成，夹持套管后小角度往复搓动套管，减少钻进和起拔套管的阻力，保证钻进垂直度。电控采用 PLC 控制器、有线和无线遥控，可连接国内外各种型号的履带吊机。该型搓管机广泛应用于城市深基坑围护咬合桩、建筑和道桥基础桩、市政竖井和抢险救援等领域。

CGJ-1500L 重型搓管机于江苏
南京实施 $\phi$1200 mm 全套管
冲抓灌注桩

CGJ-1500L 重型搓管机于河南洛阳实施
地铁 $\phi$1200 mm 全套管冲抓灌注桩

**CGJ-1500L 重型搓管机技术参数**

| 名称 | 单位 | 数值 |
|---|---|---|
| 搓管直径 | mm | 800~1500 |
| 搓管扭矩 | kN·m | 3580/2800 |
| 行程 | mm | 600 |
| 起拔力 | kN | 4820 |
| 长×宽×高 | mm×mm×mm | 8000×2800×1900 |
| 质量 | kg | 36000 |

# 三、全回转套管钻机

## （一）全回转套管钻机组成

**简介：** 全回转套管钻机是配套冲抓斗吊机或旋挖钻机进行全套管灌注桩施工的套管钻机，可进行 360°回转钻拔套管，由全回转套管钻机主机、变径卡瓦、配重架、扭矩反力架、液压泵站、全回转套管等组成，具备全液压自动化遥控功能，具有成孔和灌注成桩两个阶段全程套管护壁的独特优势，无泥浆循环、无振动、低噪音，适用于复杂地层，可以临近地铁线和重要建筑物施工，广泛应用于城市深基坑围护咬合桩、建筑和道桥基础桩、市政竖井和抢险救援等领域。

**主要组成部件：**

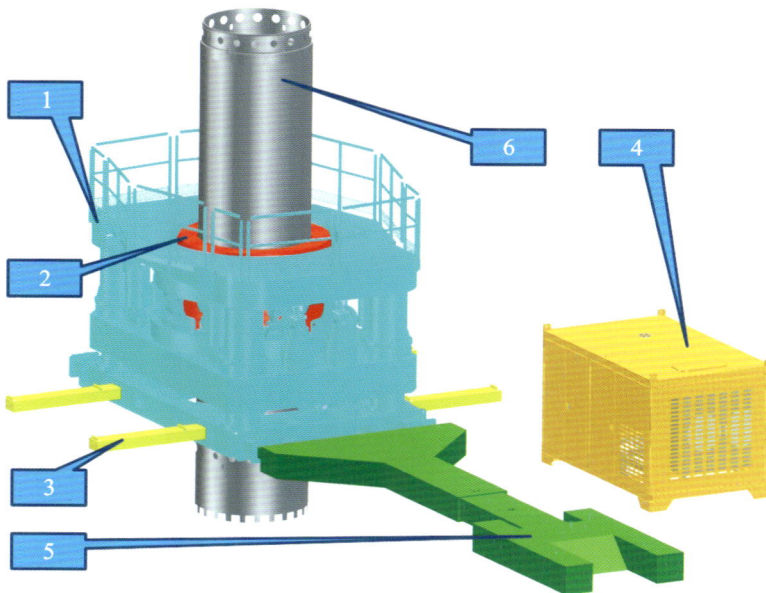

| 序号 | 名称 |
|:---:|:---:|
| | 部件名称 |
| 1 | 全回转套管钻机主机 |
| 2 | 变径卡瓦 |
| 3 | 配重架 |
| 4 | 液压泵站 |
| 5 | 扭矩反力架 |
| 6 | 全回转套管 |

**主要组成部件简介：**

**1. 全回转套管钻机主机**

全回转套管钻机主机由楔形夹紧卡盘、回转马达、给进和起拔油缸、自动调平底架、上部护栏等组成，全液压遥控自动化操作，可实现套管的夹持、全回转、钻进和起拔等功能。

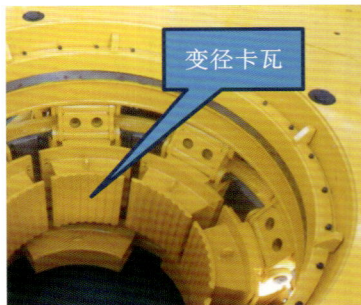

变径卡瓦

**2. 变径卡瓦**

钻机装上不同直径的变径卡瓦就可以施工不同直径的套管，变径卡瓦分上变径和下变径两种形式，分别对应上卡盘和下卡盘。

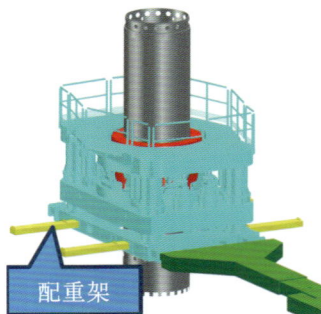

配重架

**3. 配重架**

配重架上放置配重块，为套管钻进提供垂直反力。

**4. 液压泵站**

液压泵站为钻机提供液压动力，泵站内的 PLC 电控可以实现钻机的自动化功能和故障自诊断功能。

**5. 扭矩反力架**

扭矩反力架一头连接全回转钻机，一头连接或紧靠吊机履带，为套管钻进提供回转扭矩的反力。

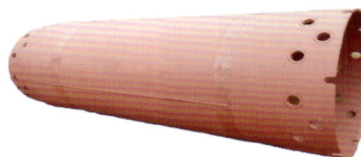

**6. 全回转套管**

全回转套管一般为重型套管，套管接头有双排销和单排销两种，由单根套管、套管靴、上部喇叭口护帽等组成，套管内冲抓或旋挖取土，用全回转钻机钻进和起拔全孔套管。

## （二）QHZ-2000 型全回转套管钻机

**简介：** QHZ-2000 型全回转套管钻机采用变径卡瓦设计，可施工直径 φ1000~2000 mm 的套管，配套冲抓吊机或旋挖钻机钻掘套管内岩土，在第四系复杂地层、卵砾石层、回填层、风化岩层中，全回转钻进和起拔套管深度为 40~100 m。该型钻机在套管夹持、孔底载荷控制、油缸增压等方面具有多项专利技术，具有底盘自动调平系统、大流量智能散热系统、可调角度套管摇动系统、套管下夹持装置，功能先进，广泛适用于城市深基坑围护硬咬合桩、建筑和道桥基础桩、市政竖井、既有桩拔除和原位置换、抢险救援等领域，于北京、深圳等地完成了地铁站等灌注桩施工。

**QHZ-2000 型全回转套管钻机于北京实施地铁站 62 m 深全套管灌注桩**

**QHZ-2000 型全回转套管钻机于广东深圳实施 52 m 深全套管灌注桩**

**QHZ-2000 型全回转套管钻机技术参数**

| 名称 | 单位 | 数值 |
|------|------|------|
| 套管直径 | mm | 1000~2000 |
| 回转扭矩 | kN·m | 860~2600（瞬时 3100） |
| 钻进行程 | mm | 750 |
| 起拔力 | kN | 4640（瞬时 5560） |
| 下压力 | kN | 2200 |
| 长×宽×高 | mm×mm×mm | 4500×2900×2300 |
| 主机质量 | kg | 45000 |
| 泵站质量 | kg | 7000 |
| 泵站功率 | kW | 298 |
| 泵站尺寸 | mm×mm×mm | 4000×2060×2110 |

# 四、非开挖铺管钻机

## (一) GBS 系列非开挖铺管钻机组成

**简介**：非开挖技术是指以最少的开挖量或在不开挖的条件下铺设、更换或修复各种地下管线的一种施工新技术，GBS 系列非开挖铺管钻机为实施该项技术的主要钻探设备，可广泛应用于地下穿越高速公路、铁路、河流等，以及在市区进行污水、自来水、电力、石油、天然气等的地下管线铺设，还可用于降水工程、隧道工程、基础工程以及环境治理工程等领域。

**主要组成部件：**

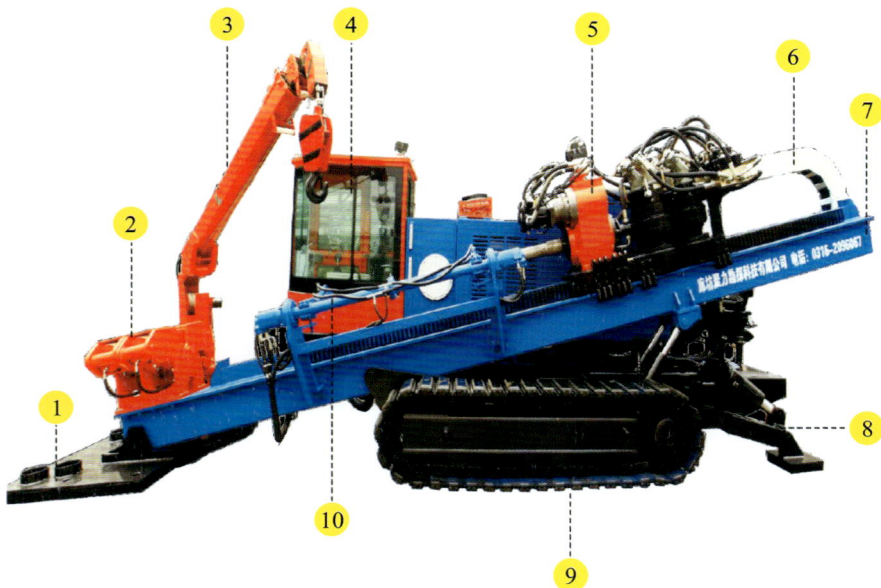

| 序号 | 名称 |
|------|------|
| 1 | 地锚板 |
| 2 | 夹持器 |
| 3 | 吊车 |
| 4 | 驾驶室 |
| 5 | 动力头 |
| 6 | 拖链 |
| 7 | 塔架 |
| 8 | 后支腿 |
| 9 | 履带底盘 |
| 10 | 机械手 |

部件名称

**主要组成部件简介：**

**1. 地锚板**

地锚板安装在塔架最前端，在施工过程中起到稳固钻机的作用。

**2. 夹持器**

夹持器安装在塔架上边，可将钻具牢固夹住，避免在作业过程中晃动或脱落。

**3. 吊车**

吊车固定安装在地锚板上，在作业过程中用于吊装各种钻具。

**4. 驾驶室**

驾驶室是钻机控制中心，具备升降功能，在操作过程中可以较好地观察外部情况。

**5. 动力头**

动力头是钻机给进和回拖运动的机械传动执行机构，通过液压系统进行驱动。

**6. 拖链**

拖链起保护液压管路、提高安全性等作用。

**7. 塔架**

塔架用于支撑和稳定设备，动力头、机械手、夹持器等部件安装于塔架之上。

塔架

**8. 后支腿**

后支腿用于稳固钻机，同时降低施工期间底盘的受力。

**9. 履带底盘**

履带底盘用于设备的搬迁运移。

**10. 机械手**

机械手用于钻杆的运移，可减轻工人工作强度，提升操作安全性。

机械手

## （二）GBS-10 型非开挖铺管钻机

**简介：** GBS-10 型非开挖铺管钻机的推拉、旋转采用液控先导无级变速方式，操作简易、方便。其动力头由美国伊顿液压马达提供可靠的回转扭矩、给进力及回拖力，给进及回拖速度两档可调；给进回拉采用齿轮齿条结构，效率高，运行平稳。钻机液压件均选自知名厂家，安全可靠。钻机整机尺寸紧凑，适合城区施工。

GBS-10 型非开挖铺管钻机

GBS-10 型非开挖铺管钻机于北京大兴实施自来水管线铺设

**GBS-10 型非开挖铺管钻机技术参数**

| 名称 | 单位 | 数值 |
|---|---|---|
| 发动机功率 | kW | 59 |
| 最大扭矩 | N·m | 3700 |
| 给进力 | kN | 100 |
| 回拖力 | kN | 100 |
| 转速 | r/min | 0~180/0~90 |
| 泥浆泵排量 | L/min | 150 |
| 钻杆规格 | mm×mm | $\phi50\times3000$ |
| 入射角 | （°） | 8~22 |
| 主机外形尺寸 | mm×mm×mm | 4930×1860×2300 |
| 主机质量 | kg | 5000 |

## (三) GBS-20L 型非开挖铺管钻机

**简介**：GBS-20L 型非开挖铺管钻机为橡胶履带全液压钻机。其动力机选用康明斯 132 kW 柴油机，马力强劲、油耗低、性能稳定；主要液压元件为进口先进产品，可以实现无级调速、性能可靠、效率高；动力头采用双马达驱动，并可浮动，避免了上卸钻杆时对钻杆丝扣的损伤；油缸采用链条给进回拉机构，可靠性强，使用寿命长；双夹持器结构卸扣，操作灵活便捷。

GBS-20L 型非开挖铺管钻机

**GBS-20L 型非开挖铺管钻机技术参数**

| 名称 | 单位 | 数值 |
|---|---|---|
| 发动机功率 | kW | 132 |
| 最大扭矩 | N·m | 8000 |
| 给进力 | kN | 100 |
| 回拖力 | kN | 200 |
| 转速 | r/min | 0~120 |
| 泥浆泵排量 | L/min | 250 |
| 钻杆规格 | mm×mm | φ60×3000 |
| 入射角 | (°) | 12~20 |
| 主机外形尺寸 | mm×mm×mm | 5320×1900×2160 |
| 主机质量 | kg | 7000 |

## （四）GBS-28型非开挖铺管钻机

简介：GBS-28型非开挖铺管钻机为钢履带全液压钻机。其动力机采用康明斯132 kW柴油机，动力强劲性能可靠；主油泵选用进口轴向柱塞泵，性能稳定可靠，持久耐用；动力头采用双马达驱动，无级调速，浮动拖板配有滚动装置能有效保护钻架轨道；行走采用钢履带结构，抓地力强，同时可选配橡胶板附着在钢履带上，以避免行走时损坏路面。

GBS-28型非开挖铺管钻机

GBS-28型非开挖铺管钻机于河北廊坊实施
全长300 m PE污水管线铺设

**GBS-28型非开挖铺管钻机技术参数**

| 名称 | 单位 | 数值 |
|---|---|---|
| 发动机功率 | kW | 132 |
| 最大扭矩 | N·m | 10000 |
| 给进力 | kN | 180 |
| 回拖力 | kN | 280 |
| 转速 | r/min | 0～150/0～80 |
| 泥浆泵排量 | L/min | 320 |
| 钻杆规格 | mm×mm | φ73×4000 |
| 入射角 | (°) | 10～18 |
| 主机外形尺寸 | mm×mm×mm | 6620×1960×2320 |
| 主机质量 | kg | 10000 |

## （五）GBS-40 型非开挖铺管钻机

**简介**：GBS-40 型非开挖铺管钻机动力头采用双马达驱动减速机串并联结构，可实现快慢两档转速；主液压系统压力为 30 MPa，动力头回转采用闭式系统，提高了液压系统的工作效率；操作台将液压部分和电器部分分别布局，开关、按钮根据功能分开布置，方便操作，利于检修；采用双液压油箱结构，液面高度高于液压泵，使液压油泵的工作状况更为理想，液压油散热系统采用了大功率马达驱动形式，工作可靠性高。

**GBS-40 型非开挖铺管钻机技术参数**

| 名称 | 单位 | 数值 |
|---|---|---|
| 发动机功率 | kW | 194 |
| 最大扭矩 | N·m | 14000 |
| 给进力 | kN | 400 |
| 回拖力 | kN | 400 |
| 转速 | r/min | 0～65/0～130 |
| 泥浆泵排量 | L/min | 450 |
| 钻杆规格 | mm×mm | φ89×4500 |
| 入射角 | (°) | 10～20 |
| 主机外形尺寸 | mm×mm×mm | 6830×2280×2700 |
| 主机质量 | kg | 15000 |

GBS-40 型非开挖铺管钻机

GBS-40 型非开挖铺管钻机于俄罗斯实施
φ300 mm 长 400 m 石油管线铺设

## （六）GBS-55 型非开挖铺管钻机

**简介**：GBS-55 型非开挖铺管钻机动力头采用四马达驱动减速机串并联结构，可实现快慢两档转速；主液压系统压力为 25 MPa，动力头回转采用闭式系统，提高了液压系统的工作效率；配备 2 t 吊车上卸钻杆，最大工作半径为 8.2 m；左右两个后支腿独立控制，可根据现场情况调整支撑高度；钻机采用电液控制，所有操控集中在驾驶室内，操作台分块布局，将液压部分和电器部分分开，方便操作，利于检修。

GBS-55 型非开挖铺管钻机

GBS-55 型非开挖铺管钻机于山东济宁
实施 $\phi$500 mm 长 1032 m 管线铺设

**GBS-55 型非开挖铺管钻机技术参数**

| 名称 | 单位 | 数值 |
| --- | --- | --- |
| 发动机功率 | kW | 239 |
| 最大扭矩 | N·m | 18000 |
| 给进力 | kN | 550 |
| 回拖力 | kN | 550 |
| 转速 | r/min | 0~100/0~50 |
| 泥浆泵排量 | L/min | 750 |
| 钻杆规格 | mm×mm | $\phi$89×4500 |
| 入射角 | （°） | 9~15 |
| 主机外形尺寸 | mm×mm×mm | 8650×2280×2700 |
| 主机质量 | kg | 17000 |

## （七）GBS-50/100 型非开挖铺管钻机

简介：GBS-50/100 型非开挖铺管钻机配置康明斯工程机械专用发动机，节能、环保、高效、动力强劲；液压件采用国外知名品牌，性能稳定可靠；动力头采用电控两点变量马达串并联结构，可实现三挡转速；主液压系统压力为 28 MPa，动力头回转采用闭式系统，提高了液压系统的工作效率；推拉速度三档可调，最大推拉速度可达 40 m/min，真正实现了高效率快速钻进，大大提高了工作效率；钻机标配机械手和吊车，降低了劳动强度和人力成本。

GBS-50/100 型非开挖铺管钻机

GBS-50/100 型非开挖铺管钻机技术参数

| 名称 | 单位 | 数值 |
|---|---|---|
| 发动机功率 | kW | 194 |
| 最大扭矩 | N·m | 27000 |
| 给进力 | kN | 500/1000 |
| 回拖力 | kN | 500/1000 |
| 转速 | r/min | 0~30/0~59/0~118 |
| 泥浆泵排量 | L/min | 600 |
| 钻杆规格 | mm×mm | $\phi 89 \times 4500$ |
| 入射角 | （°） | 11~17 |
| 主机外形尺寸 | mm×mm×mm | 9600×2200×2700 |
| 主机质量 | kg | 16000 |

## （八）GBS-60/90 型非开挖铺管钻机

**简介**：GBS-60/90 型非开挖铺管钻机采用自行走钢履带底盘一体化行走机构；采用有线远程控制，移动方便，机动性强；采用齿轮齿条无级调速给进形式；液压元件为国外先进产品，性能可靠，效率高；配备3.2 t 小型吊车，便于加接钻杆、钻头；操作系统集中在驾驶室内，操作舒适、方便；泥浆系统采用单独动力，具有独立的液压控制系统，首次采用可编程序逻辑控制器 PLC 代替接线逻辑，有效减少了控制设备外部接线，延长了工作寿命。

GBS-60/90 型非开挖铺管钻机

GBS-60/90 型非开挖铺管钻机于河北秦皇岛实施
$\phi$1400 mm 长 280 m 管线铺设

GBS-60/90 型非开挖铺管钻机技术参数

| 名称 | 单位 | 数值 |
|---|---|---|
| 发动机功率 | kW | 239 |
| 最大扭矩 | N·m | 28000 |
| 给进力 | kN | 600/900 |
| 回拖力 | kN | 550 |
| 转速 | r/min | 0～50/0～100 |
| 泥浆泵排量 | L/min | 850 |
| 钻杆规格 | mm×mm | $\phi$114×6000 |
| 入射角 | (°) | 8～15 |
| 主机外形尺寸 | mm×mm×mm | 10200×2800×3057 |
| 主机质量 | kg | 25000 |

## （九）GBS-100/150 型非开挖铺管钻机

**简介**：GBS-100/150 型非开挖铺管钻机为钢履带全液压钻机，采用齿轮齿条无级调速给进结构；动力机为 350 kW 康明斯柴油机，性能可靠，效率高；液压元件为国外先进产品；控制系统采用电液压比例手柄控制，可实现无级调速；所有操作集中在驾驶室，操作便捷舒适。

GBS-100/150 型非开挖铺管钻机

**GBS-100/150 型非开挖铺管钻机技术参数**

| 名称 | 单位 | 数值 |
|---|---|---|
| 发动机功率 | kW | 373 |
| 最大扭矩 | N·m | 60000 |
| 给进力 | kN | 1500 |
| 回拖力 | kN | 1500 |
| 转速 | r/min | 0～57/0～110 |
| 泥浆泵排量 | L/min | 1500 |
| 钻杆规格 | mm×mm | $\phi$127×9600 |
| 入射角 | (°) | 11～20 |
| 主机外形尺寸 | mm×mm×mm | 13500×2600×3100 |
| 主机质量 | kg | 30000 |

## （十）GBS-320 型非开挖铺管钻机

**简介**：GBS-320 型非开挖铺管钻机采用自行走钢履带底盘一体化行走机构，操作部分独立布置；控制系统采用 PLC 系统集中控制，各系统压力集中显示，具有数据记录功能；采用有线远程控制，工作机构采用齿轮齿条无级调速给进形式，液压元件为国外先进产品，性能可靠，效率高。

GBS-320 型非开挖铺管钻机

GBS-320 型非开挖铺管钻机于安徽宿州实施
$\phi$406 mm 长 1008 m 燃气管线的河底穿越

GBS-320 型非开挖铺管钻机技术参数

| 名称 | 单位 | 数值 |
|---|---|---|
| 发动机功率 | kW | 559 |
| 最大扭矩 | N·m | 85000 |
| 给进力 | kN | 3200 |
| 回拖力 | kN | 3200 |
| 转速 | r/min | 0~45/0~57 |
| 泥浆泵排量 | L/min | 2500 |
| 钻杆规格 | mm×mm | $\phi$140×9600 |
| 入射角 | (°) | 4~15 |
| 主机外形尺寸 | mm×mm×mm | 17340×3000×3550 |
| 主机质量 | kg | 60000 |

# 五、三臂凿岩台车

**简介**：三臂凿岩台车是在隧道及地下工程中采用钻爆法施工的一种凿岩设备。台车主要由凿岩机、钻臂、行走机构和其他附属设备组成，履带式移动方式适用多种地形；支持多台凿岩机同时进行钻孔作业，三臂可独立作业，实现精准定位与快速钻进，可以有效减少人工作业，提高施工效率。

**主要组成部件：**

| 部件名称 | |
| --- | --- |
| 序号 | 名称 |
| 1 | 履带行走部件 |
| 2 | 钻臂部件 |
| 3 | 凿岩钻进部件 |

主要组成部件简介：

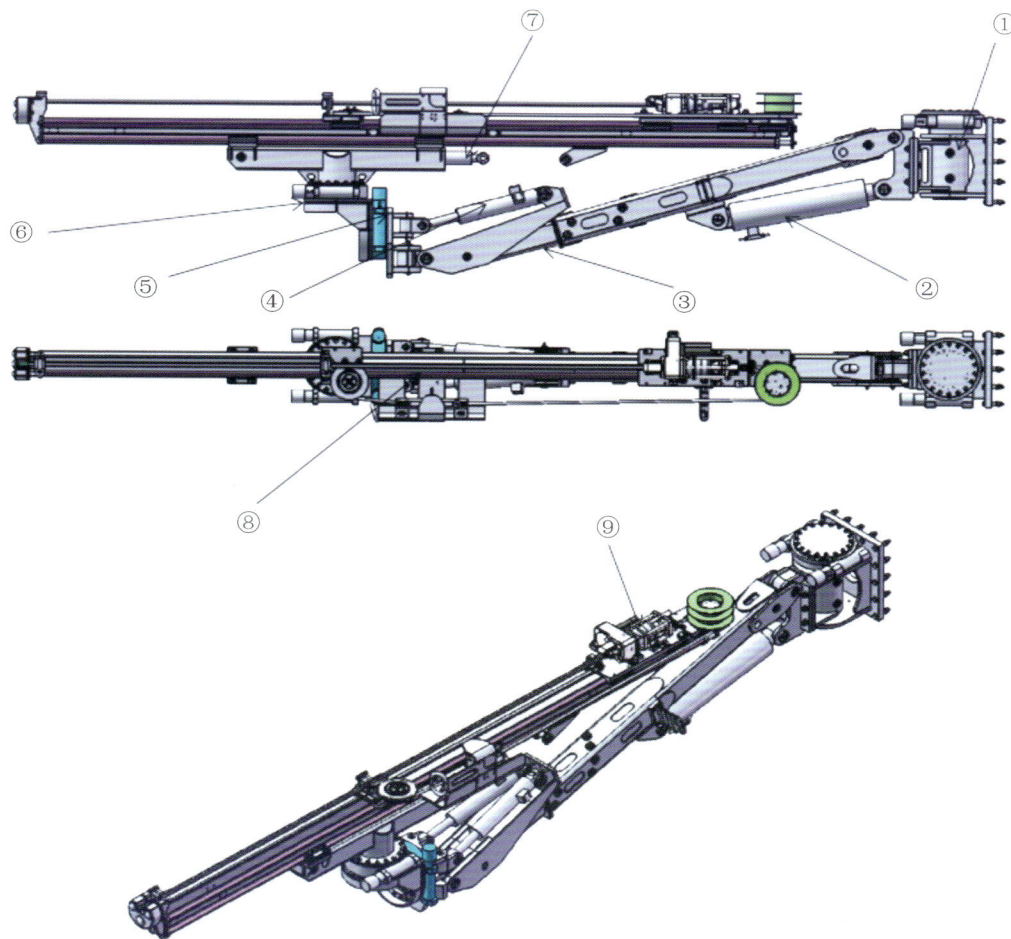

①—大臂回转部件；

②—小臂仰俯部件；

③—小臂伸缩部件；

④—钻架扭摆部件；

⑤—钻架竖向回转部件；

⑥—钻架横向回转部件；

⑦—钻架补偿给进部件；

⑧—凿岩机给进部件；

⑨—回转冲击凿岩机。

# 六、TADM-20隧道排钻掘进台车

**简介**：TADM-20隧道排钻掘进台车是一种隧道轮廓成形设备，可以避免采用矿山法造成的超挖欠挖情况；可以变化直径，从而模拟不同形状尺寸的隧道轮廓，其成本与掘进机相比亦大大降低；采用非钻爆掘进方式，最多可同时钻进20个钻头；采用开合展翼设计，可适应最大轮廓直径达到7.3 m，每回合掘进长度达2 m。

**主要组成部件：**

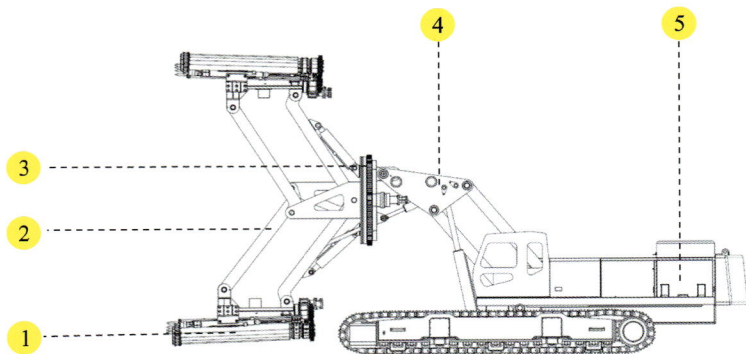

| 部件名称 | |
|:---:|:---:|
| 序号 | 名称 |
| 1 | 钻掘构件 |
| 2 | 变幅构件 |
| 3 | 回转构件 |
| 4 | 三角构件 |
| 5 | 配重块 |

性能简介：

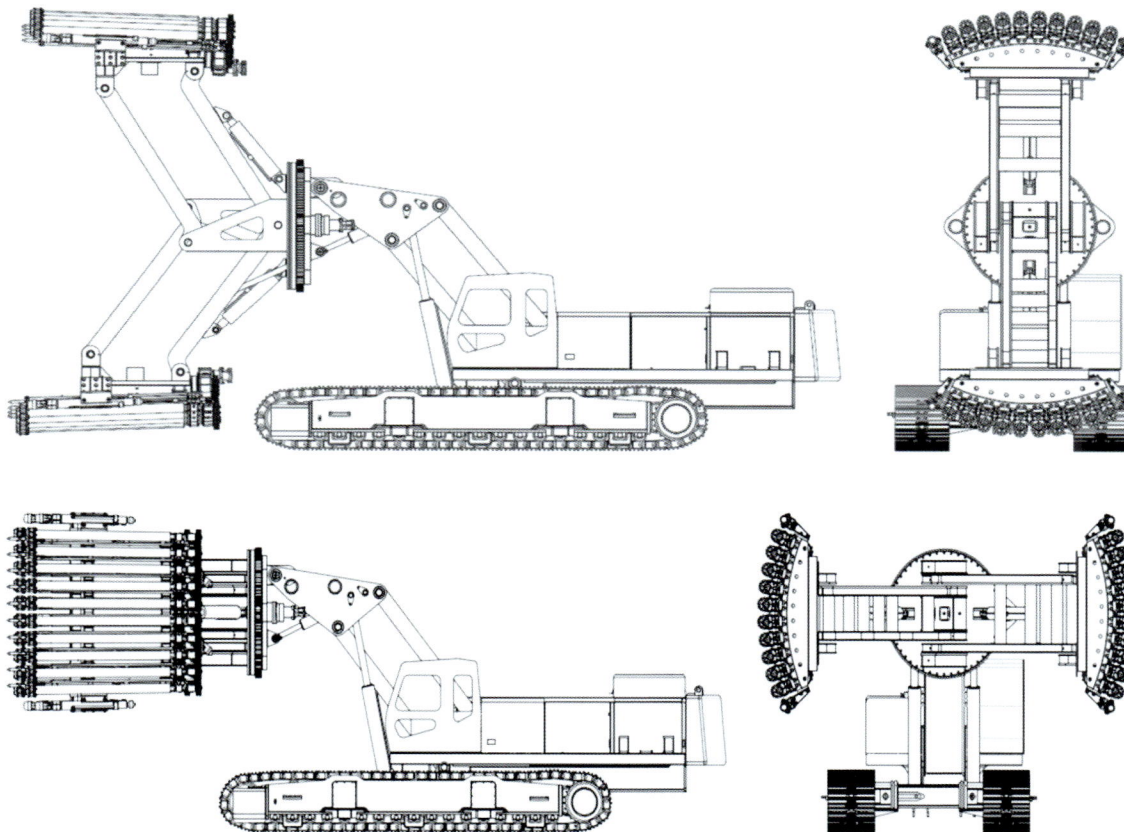

排钻 20 个钻头分为两组，分别布置在两个展翼上，每个展翼上布置两个动力装置，每个装置驱动 5 个钻头，展翼变化范围为 3~7.3 m，展翼安装在回转盘上，回转盘通过双马达驱动，带动展翼进行 ±180° 回转，可使展翼上的排钻拟合隧道弧形曲线，为了适应隧道出入口大角度倾斜断面，钻掘构件可以在 −15° 至 25° 之间调整。

单次最大可掘进断面轮廓直径为 3.5~7.3 m。

每回合掘进长度：2 m；

掘进垂直角度：<1.5°；

整机钻头数：20 个。

**推广应用及技术参数**

TADM-20 隧道排钻掘进台车实钻试验

### TADM-20 隧道排钻掘进台车技术参数

| 名称 | 单位 | 数值 |
|------|------|------|
| 适用隧道尺寸 | m | 3.5~7.3 |
| 发动机功率 | kW | 400 |
| 系统压力 | MPa | 28 |
| 钻孔直径 | mm | 178 |
| 钻孔数量 | 个 | 20(4组) |
| 整车质量 | t | 82 |
| 展翼回转角度 | (°) | ±180 |
| 钻进倾角 | (°) | -15~20 |
| 单回次钻深 | m | 2 |

## 七、隧道暗挖掘进机

**简介：** 隧道暗挖掘进机可实现隧道内狭小空间长距离作业，适用于粉土、黏土、砂卵石地层，设备施工中可实现挖掘、铣刨、渣料输送、格栅托举支护、导管冲击回转等功能，同时可保证全断面铣槽与开挖，满足地铁暗挖隧道施工要求。

主要组成部件：

部件名称

| 序号 | 名称 |
|------|------|
| 1 | 铲斗输送架 |
| 2 | 铣挖铲 |
| 3 | 滑动臂 |
| 4 | 摆动中臂 |
| 5 | 俯仰大臂 |
| 6 | 升降驾驶室 |
| 7 | 电缆卷盘 |
| 8 | 行走履带底盘 |

**主要组成部件简介：**

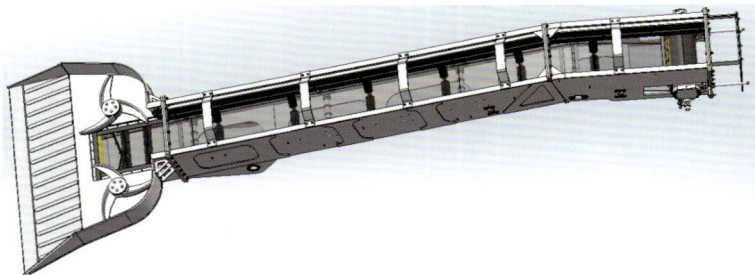

### 1. 铲斗输送架

铲斗输送架前端两个波轮自动装渣土，通过输送带将渣土输送至设备后方并装车运输至隧道竖井。

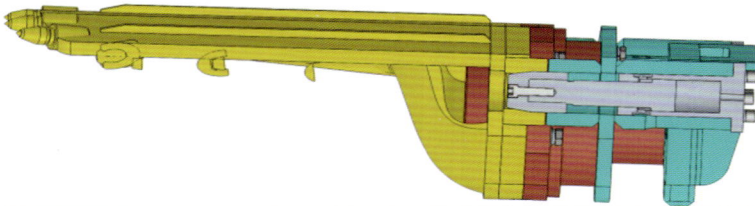

### 2. 铣挖铲

铣挖铲通过两侧锁紧油缸实现挖掘和回转铣刨。

### 3. 多自由度挖掘臂

多自由度挖掘臂包括铣挖铲、滑动臂、摆动中臂、俯仰大臂，可实现隧道面的挖掘、铣槽、支护与清渣。

**推广应用及技术参数：**

隧道暗挖掘进机于北京实施地铁 16 号线掘进作业

隧道暗挖掘进机技术参数

| 名称 | 单位 | 参数 |
|---|---|---|
| 适用隧道尺寸（宽×高） | mm×mm | 5000×5000～7000×7000 |
| 适用隧道性质 | — | 粉土、黏土、砂卵石及强风化岩石 |
| 整车下井竖井最小尺寸 | mm×mm | 8000×4000 |
| 分体下井竖井最小尺寸 | mm×mm | 4000×4000 |
| 外形尺寸（长×宽×高） | mm×mm×mm | 8000×2512×5200 |
| 整车质量 | t | 28 |
| 额定功率 | kW | 132 |
| 供电电压 | V | 380 |
| 系统压力 | MPa | 28 |
| 爬坡能力 | (°) | 28 |
| 掘进方式 | — | 挖掘、铣削 |
| 输料形式 | — | 拨轮/皮带 |
| 输料能力 | $m^3/h$ | 120 |
| 小导管直径 | mm | 25～50 |
| 小导管钻进速度 | mm/s | 50 |
| 一次钻进深度 | mm | 2000 |

## 八、钢管柱安装机

> **简介：** 钢管柱安装机主要用于先插法钢管柱施工，由覆盖件、底盘、压台、抱夹等部件组成，通过设备自带的油缸实现对钢管柱的夹紧、中心位置的定位和与地面倾角的调整，使钢管柱串最终满足安装设计要求。

**主要组成部件：**

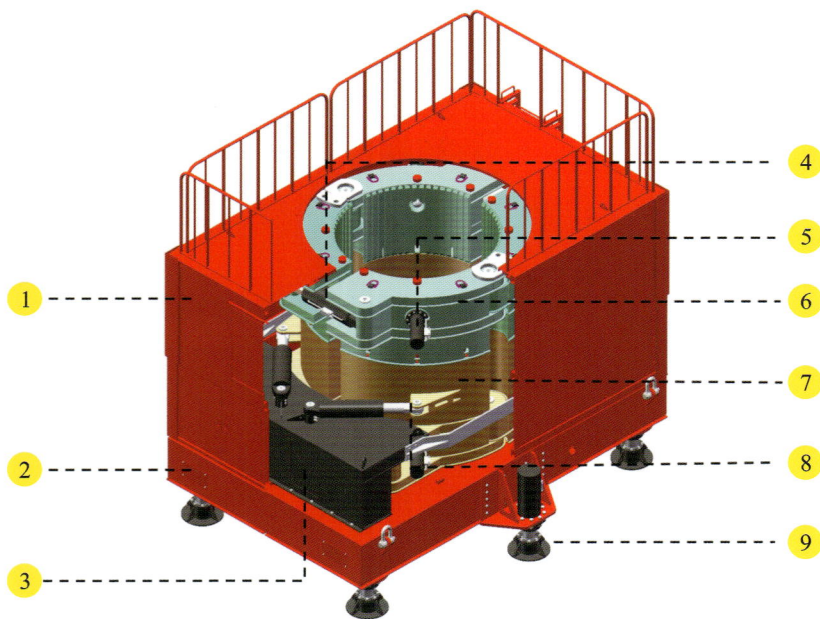

| 序号 | 名称 |
|------|------|
| 1 | 覆盖件 |
| 2 | 底盘 |
| 3 | 压台 |
| 4 | 夹紧油缸 |
| 5 | 初调油缸 |
| 6 | 上抱夹 |
| 7 | 下抱夹 |
| 8 | 定位油缸 |
| 9 | 支腿油缸 |

部件名称

主要组成部件简介：

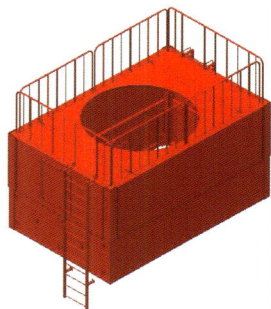

**1. 覆盖件**

覆盖件主要用于外部防护及为工人提供顶部操作台。

**2. 底盘**

底盘主要用于承载设备自重及钢管柱重量，以及调整设备与地面角度。

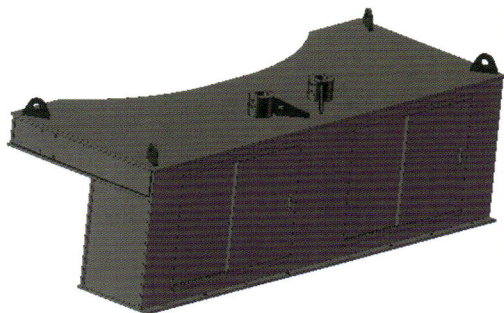

**3. 压台**

压台主要用于对抱夹进行上限位。

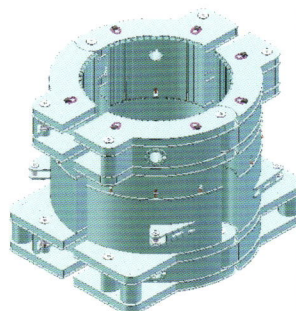

**4. 上／下抱夹**

上／下抱夹主要用于夹持钢管柱工具节，以及调整钢管柱的位置和角度。

**5. 动力站**

动力站为设备提供液压动力和电源。

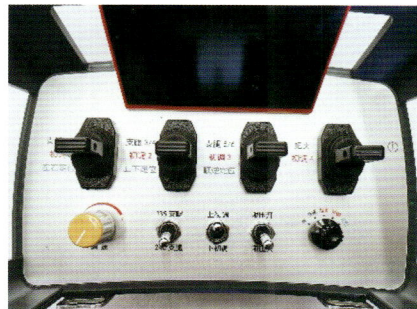

**6. 遥控器**

遥控器用来控制设备各个油缸运动及动作切换。

## 推广应用及技术参数

钢管柱安装机于北京实施钢管柱安装

**钢管柱安装机技术参数**

| 名称 | 单位 | 数值 |
|---|---|---|
| 外形尺寸(长×宽×高) | mm×mm×mm | 5450×4165×5100 |
| 适用最大钢管柱直径 | mm | φ1400 |
| 最大通径 | mm | φ2000 |
| 抱夹打开最大尺寸 | mm | φ2045 |
| 支腿油缸最大行程 | mm | 400 |
| 抱夹前后移动行程 | mm | ±150 |
| 抱夹左右移动行程 | mm | ±150 |
| 抱夹最大旋转角度 | (°) | ±8° |
| 液压系统最大压力 | MPa | 28 |
| 液压系统最大流量 | L/min | 106 |
| 额定功率 | kW | 45 |
| 总质量 | t | 38.4 |

# 九、套管拔管机

简介：套管拔管机是与旋挖钻机配合进行全套管施工的专用设备。全套管旋挖工艺施工所需设备包括旋挖钻机(或搓管机、全回转套管钻机)、套管、拔管机及配套泵站，通常采用旋挖钻机(或搓管机、全回转套管钻机)将套管旋至孔底，而在起拔套管(尤其是大直径、大深度套管)时需要采用套管拔管机，以提供足够的起拔力，从而顺利完成套管起拔作业，可有效提高旋挖钻机的利用率，同时降低施工成本。

主要组成部件：

部件名称

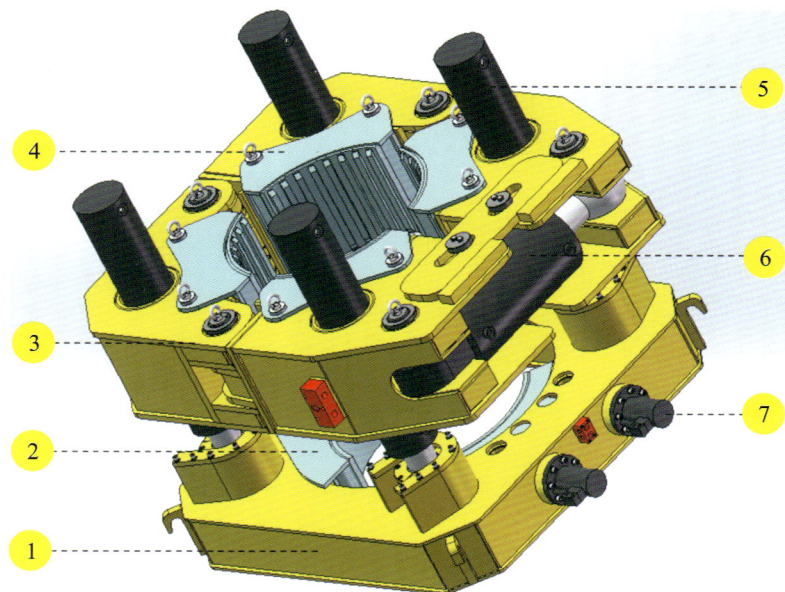

| 序号 | 名称 |
|------|------|
| 1 | 拔管机底座 |
| 2 | 下夹持卡瓦 |
| 3 | 拔管机上夹持 |
| 4 | 上夹持卡瓦 |
| 5 | 起拔油缸 |
| 6 | 上夹持油缸 |
| 7 | 下夹持油管 |

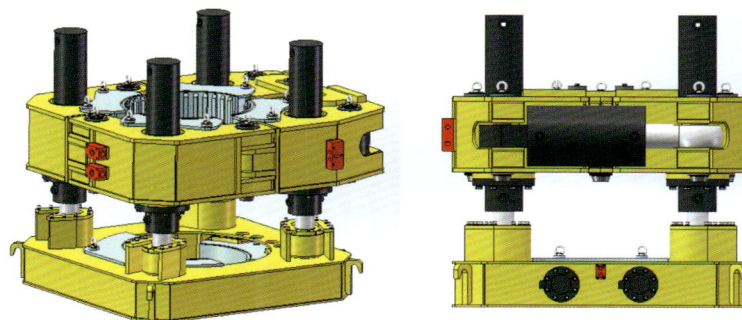

**推广应用及技术参数**

套管拔管机于重庆万州实施全套管拔管作业

**套管拔管机技术参数**

| 名称 | 单位 | 数值 |
|---|---|---|
| 适应套管直径 | mm | 1200~800 |
| 适应桩孔直径 | mm | 1200~800 |
| 额定起拔力 | kN | 3141 |
| 最大起拔力 | kN | 5026 |
| 最大起拔行程 | mm | 1000 |
| 额定上抱紧力 | kN | 2008 |
| 辅助下抱紧力 | kN | 393 |
| 拔管机质量 | kg | 10500 |
| 动力站电机总功率 | kW | 45+1.5 |
| 外形尺寸 | mm×mm×mm | 2500×2200×1950 |

# 十、双轮铣

**简介**：双轮铣设备的成槽原理是通过液压系统驱动下部两个铣削轮轴转动，从而水平切削、破碎地层，其采用泵吸反循环出碴系统。目前最大成槽深度可达 150 m，一次成槽厚度为 800~2800 mm。

**主要组成部件：**

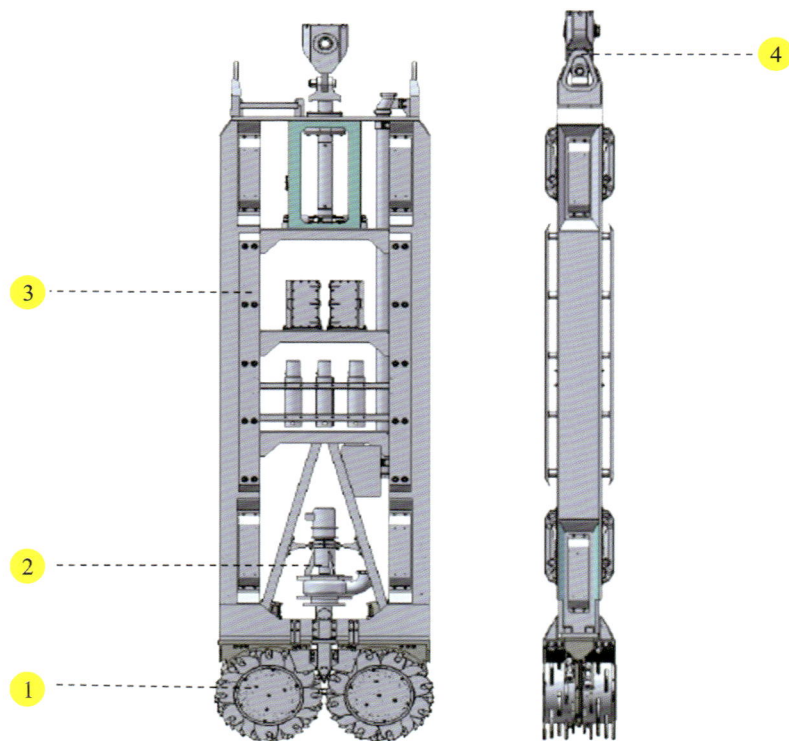

| 部件名称 | |
|:---:|:---:|
| 序号 | 名称 |
| 1 | 双轮铣铣轮 |
| 2 | 泥浆泵 |
| 3 | 双轮铣机架 |
| 4 | 滑轮组 |

**推广应用及技术参数**

双轮铣于广州实施成槽作业

截齿铣轮

板齿铣轮

双轮铣对地层适应性强，在淤泥、砂、砾石、卵石及中强度的岩石、混凝土中均可开挖。钻进效率高，在松散地层一般钻进效率为 $20 \sim 40$ m³/h，在中硬岩层一般钻进效率为 $1 \sim 2$ m³/h。根据地层情况选择截齿铣轮与板齿铣轮。

# 第四节　其他钻探专用设备

## 一、钻井液冷却设备

**简介**：钻井液冷却装备及其相关技术是降低井筒循环温度、改善井下工具工作环境、保障高温井安全高效钻进的关键技术装备。该装备采用了螺旋板式换热器蒸发冷却为主、空气冷却为辅、机械制冷增效的设计理念，主要包括冷却液梯级降温模块、对流换热模块和监测与控制模块等，降温能力超过 30 ℃，在干热岩钻井、超深油气钻井等高温钻井领域发挥了重要作用，应用前景广阔。

**主要组成部件**：

部件名称

| 序号 | 名称 |
|------|------|
| 1 | 冷却液梯级降温模块 |
| 2 | 对流换热模块 |
| 3 | 监测与控制模块 |

**主要组成部件简介：**

**1. 冷却液梯级降温模块**

冷却液梯级降温模块主要包括冷却塔、冷水机、循环泵组、水箱等，采取梯级降温模式，以冷却塔蒸发冷却降温为主，可满足常规需求；需要较低的入井温度，通过冷水机机械制冷对冷却液进行二次降温。

钛板换热器

螺旋板式换热器　　不锈钢板换热器

**2. 对流换热模块**

对流换热模块主要包括换热器、冷却液循环泵、钻井液循环泵等，核心元件为换热器，可选用螺旋板式换热器或板式换热器，板片材料可根据钻井液类型选择不锈钢式或钛板式。

冷却液降温控制单元

温度和流量传感器　　对流换热控制单元

**3. 监测与控制模块**

监测与控制模块主要包括温度和流量监测单元、冷却液降温控制单元和对流换热控制单元等，钻井液冷却装备整机操作可实现一键式恒温自动化控制，无须人工操作。

## 推广应用及技术参数

钻井液冷却装备于青海实施干热岩试采井

螺旋板式钻井液冷却设备支撑完成了干热岩 GH-02 井和 GH-05 井，将入井温度控制在 45～55 ℃，井下工具服役温度始终低于 98 ℃，有效维持了钻井液性能的稳定，降低了泥浆泵故障率，为钻头、螺杆钻具和无线随钻测量仪器等井下工具的长周期安全运行提供了有效保护。

钻井液冷却装备技术参数

| 名称 | 单位 | 数值 |
|------|------|------|
| 冷却量 | L | 3200 |
| 额定功率 | kW | 280 |
| 钻井液处理量 | L/s | 35 |
| 降温能力 | ℃ | 30 |
| 适用介质 | — | 水基/油基 |
| 占地面积 | m² | 100 |
| 质量 | kg | 25000 |

钻井液冷却装备于河北实施页岩油水平井

钻井液冷却装备应用于大港油田页岩油水平生产井，在环境温度超过 35 ℃条件下，将入井温度由 70～80 ℃（使用前）降低至 45～60 ℃（使用后），井底循环温度控制在 110～120 ℃，满足了井下仪器耐温需求，未出现因井底循环温度过高而引起的信号异常等情况。

# 二、吸力锚及沉贯系统

简介：吸力锚是一种海上基础形式，主要包括筒体、悬挂支撑、排气阀、吸水口，以及吸力锚安装所使用的吸力泵及监测系统等。吸力锚被置入海底后可为海上结构物提供巨大的承载力，与传统的海上基础相比，具有安装速度快、精度高、可回收利用的优势，可广泛应用于深海石油、海上风电、邮轮系泊等领域。

**主要组成部件：**

| 序号 | 名称 |
|---|---|
| 1 | 筒体 |
| 2 | 悬挂支撑 |
| 3 | 排气阀 |
| 4 | 吸水热刺 |
| 5 | 多参数监测系统 |
| 6 | 吸力泵系统 |

部件名称

**主要组成部件简介：**

**1. 筒体**

筒体由钢板卷制而成，顶部封闭、下部开口，中心设置支撑结构，用于支撑上部荷载。

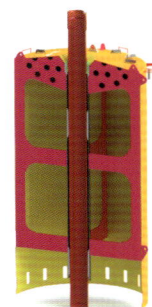

**2. 悬挂支撑**

悬挂支撑用于连接吸力筒与上部结构物，采用独特悬挂对中机构，保证同轴度，进而保证上部结构垂直度和稳定性。

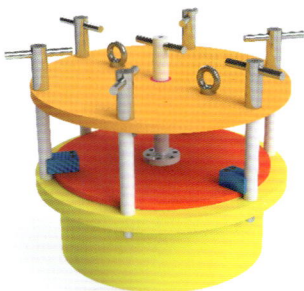

**3. 排气阀**

排气阀布置于吸力筒顶部，用于吸力锚安装时排出其内部空气，密封压力为 ±10 bar（1 bar = 0.1 MPa），采用螺杆开盖方式，便于水下机器人（ROV）进行水下操作。

**4. 吸水热刺**

吸水热刺是连接吸力泵与吸力筒的部件，采用轻量化耐腐蚀材质，采用压力平衡设计，在有效密封的同时保证水下机器人（ROV）的操作便捷性。

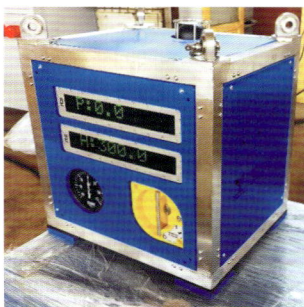

**5. 多参数监测系统**

多参数监测系统用于精确监测吸力锚的压力、压差、姿态、离底高度等参数，传输方式包括水下 LED 屏及水声通信等，可实现吸力锚沉贯过程高精度监测及数据实时传输。

**6. 吸力泵系统**

吸力泵系统用于从吸力锚内向外排水，其吸水口通过胶管吸水热刺与吸力筒连接，具有排量大、扬程高、可换向的特点，采用轻量化设计，便于水下机器人（ROV）携带。

## 推广应用及技术参数

小尺寸井口吸力锚及沉贯系统于
**2019 年 3 月完成海上应用**

深海井口吸力锚及沉贯系统于
**2019 年 11 月完成海上应用**

**吸力锚及沉贯系统技术参数**

| 名称 | 单位 | 数值 |
|------|------|------|
| 适用水深 | m | 3000 |
| 极限承载力 | t | 525 |
| 安装倾角 | (°) | 0.17 |
| 纯安装时间 | h | 10 |

# 第二章

# 钻探机具

工 欲 善 其 事 　 必 先 利 其 器

# 第一节　桩基础大口径钻头

## 一、捞砂斗

简介：捞砂斗主要用于砂砾层、卵石层和风化软基岩，以及砂土、淤泥、黏土、淤泥质亚黏土等地层的桩基础施工，可根据捞砂斗切削齿及所钻地层将钻头设计为截齿捞砂斗及斗齿捞砂斗，底部设置分为单层底板或双层底板，进土口分为单开门及双开门两种。

主要组成部件：

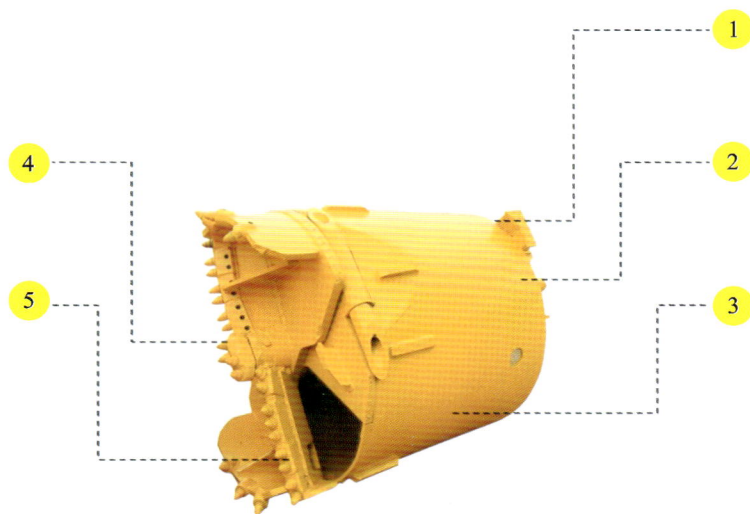

| 序号 | 名称 |
|------|------|
| 1 | 方头 |
| 2 | 筒体 |
| 3 | 开合机构 |
| 4 | 切削盘 |
| 5 | 切削齿 |

部件名称

捞砂斗类型:

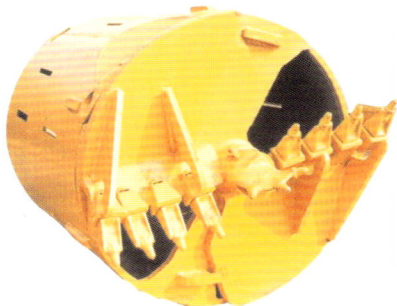

**1. 斗齿捞砂斗**

斗齿捞砂斗适用于淤泥、土层、粒径较小的卵石等地层。

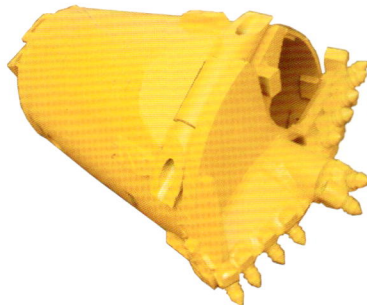

**2. 截齿捞砂斗**

截齿捞砂斗适用于卵砾石层、强风化至中风化基岩等地层。

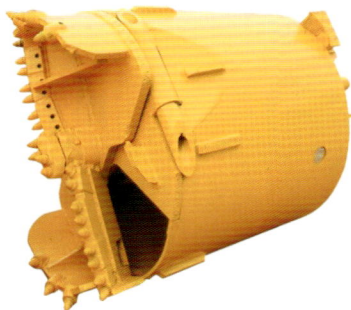

**3. 双底双开门捞砂斗**

双底双开门捞砂斗适用于砂土、填土、碎石土及风化基岩地层。

**4. 单底双开门捞砂斗**

单底双开门捞砂斗适用于泥岩、土层、沙层、粒径较大的卵石等地层。

**5. 双底单开门捞砂斗**

双底单开门捞砂斗适用于黏性土、强度不高的泥岩等地层。

**6. 手动开合捞砂斗**

手动开合捞砂斗适用于直径 $\phi600$ mm 以下超小桩径的较软地层。

**推广应用及技术参数**

截齿捞砂斗于辽宁大连实施市区改造工程

我国研制的世界最大直径截齿捞砂斗参加德国宝马展

系列捞砂斗技术参数

| 规格 | 筒体壁厚/mm | 上盘筋板厚/mm | 上盘厚/mm | 承压筋厚/mm | 底板厚/mm | 切削板厚/mm | 拐角套直径/mm | 拐角轴直径/mm | 齿数 |
|---|---|---|---|---|---|---|---|---|---|
| φ600 | 16 | 16 | 20 | 20 | 40 | 40 | 108 | 55 | 7 |
| φ800 | 16 | 16 | 20 | 20 | 40 | 50 | 108 | 55 | 9 |
| φ1000 | 16 | 16 | 20 | 20 | 40 | 50 | 108 | 55 | 11 |
| φ1200 | 16 | 16 | 20 | 20 | 40 | 50 | 108 | 60 | 17 |
| φ1500 | 16 | 16 | 20 | 20 | 40 | 50 | 108 | 60 | 20 |
| φ1800 | 20 | 20 | 25 | 25 | 50 | 50 | 140 | 80 | 23 |
| φ2000 | 20 | 20 | 25 | 25 | 50 | 50 | 140 | 80 | 25 |

## 二、筒式取心钻头

**简介**：对于比较硬的基岩地层、大的漂石层及硬质永冻土层，直接用螺旋钻头或旋挖钻头钻进比较困难，需要筒式环状钻头配合螺旋钻头及捞砂钻头钻进。

**主要组成部件：**

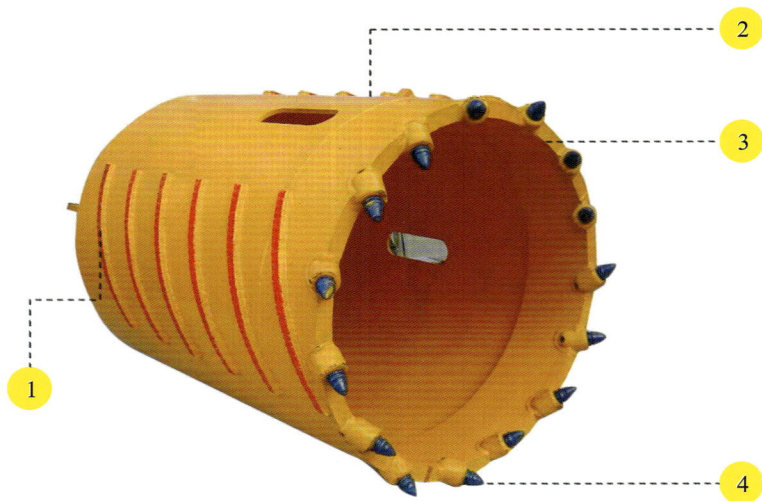

**部件名称**

| 序号 | 名称 |
| --- | --- |
| 1 | 方头 |
| 2 | 筒体 |
| 3 | 下圈 |
| 4 | 切削齿 |

**筒式取心钻头类型：**

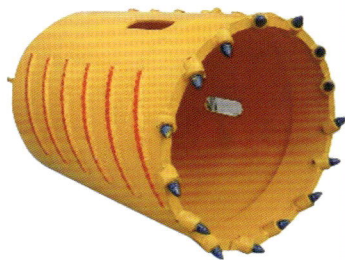

**1. 截齿取心钻头**

截齿取心钻头适用于中小桩径的中硬基岩和卵砾石地层。

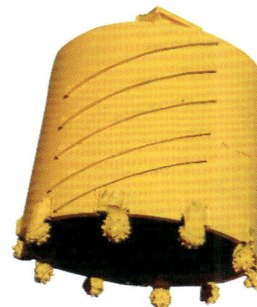

**2. 牙轮取心钻头**

牙轮取心钻头适用于坚硬基岩和卵砾石地层。

**3. 抓取式筒式钻头**

抓取式筒式钻头适用于基岩和大卵砾石地层。

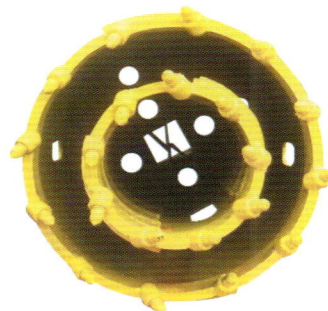

**4. 双筒截齿取心钻头**

双筒截齿取心钻头适用于 $\phi 1800$ mm 以上桩径的中硬基岩和卵砾石地层。

**5. 反循环环状牙轮钻头**

反循环环状牙轮钻头适用于坚硬基岩，通过气举反循环形成环状破碎地层。

**6. 超长筒钻**

超长筒钻适用于超深孔桩径的中硬基岩地层。

**推广应用及技术参数**

截齿筒钻及牙轮筒钻于广东珠海实施港珠澳大桥建设

超长筒钻参与实施安徽芜湖大桥建设

### 系列筒式取心钻头技术参数

| 规格 | 上筒壁厚/mm | 下筒壁厚/mm | 上盘筋板厚/mm | 上盘厚/mm | 承压筋厚/mm | 齿数 |
|------|------------|------------|--------------|----------|------------|------|
| $\phi600$ | 16 | 40 | 16 | 20 | 20 | 6 |
| $\phi800$ | 16 | 40 | 16 | 20 | 20 | 9 |
| $\phi1000$ | 16 | 40 | 16 | 20 | 20 | 13 |
| $\phi1200$ | 16 | 40 | 16 | 20 | 20 | 15 |
| $\phi1500$ | 16 | 40 | 16 | 20 | 20 | 18 |
| $\phi1800$ | 20 | 40 | 20 | 25 | 25 | 21 |
| $\phi2000$ | 20 | 40 | 20 | 25 | 25 | 24 |

# 三、螺旋钻头

简介：螺旋钻头根据结构不同可分为锥螺旋钻头和直螺旋钻头。

**主要组成部件：**

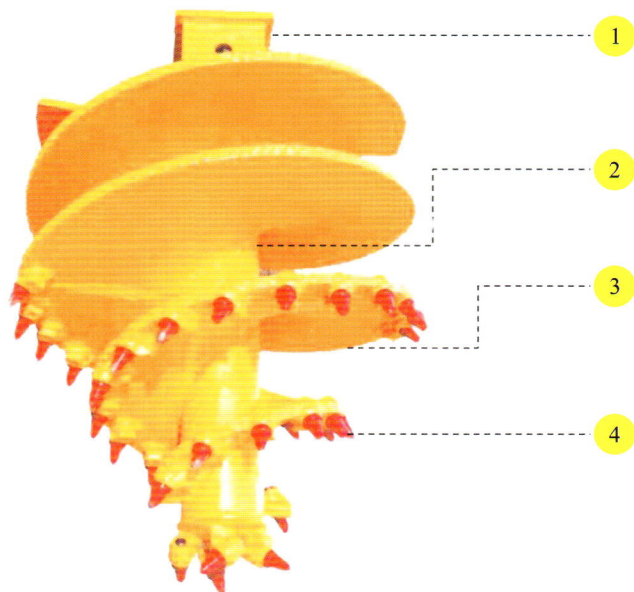

**部件名称**

| 序号 | 名称 |
|------|------|
| 1 | 方头 |
| 2 | 中心管 |
| 3 | 螺片 |
| 4 | 切削齿 |

**螺旋钻头类型：**

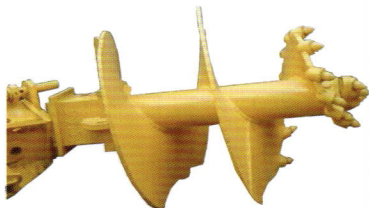

**1. 单头单锥螺旋钻头**
单头单锥螺旋钻头适用于强风化及中风化基岩、粒径较大的卵砾石、冻土、含水量小的土层等地层。

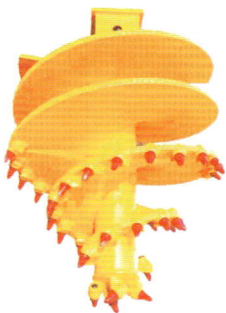

**2. 双头单锥螺旋钻头**
双头单锥螺旋钻头适用于各类基岩、中等颗粒的卵石等地层。

**3. 双头双锥螺旋钻头**
双头双锥螺旋钻头适用于中风化及微风化基岩、粒径较小的卵石等地层。

**4. 单头单直螺旋钻头**
单头单直螺旋钻头适用于不含水的泥岩、冻土、中等粒径的卵石等地层。

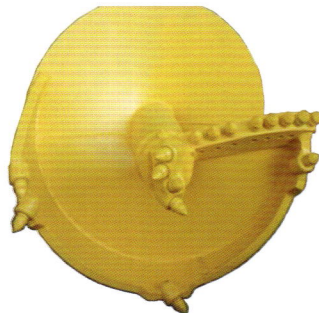

**5. 双头单直螺旋钻头**
双头单直螺旋钻头适用于中风化及微风化基岩、冻土、中等粒径的卵石等地层。

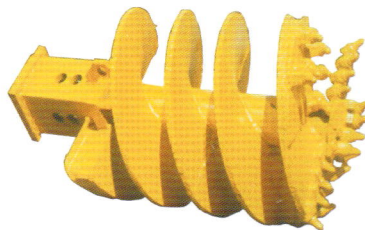

**6. 双头双直螺旋钻头**
双头双直螺旋钻头适用于中风化到微风化基岩、粒径较小的卵石等地层。

## 推广应用及技术参数

单头单锥螺旋钻头于西藏岩石地层实施青藏铁路工程

双头单锥螺旋钻头于西藏冻土地层实施青藏铁路工程

系列螺旋钻头技术参数

| 规格 | 端头型式 | 端头头数 | 上部叶片导程/mm | 下部叶片导程/mm | 导程数量/mm | 芯轴管尺寸/mm×mm | 叶片厚度/mm |
|------|---------|---------|---------------|---------------|------------|----------------|------------|
| φ600 | 锥/直 | 2/1 | 600 | 600 | 2 | φ194×25 | 30 |
| φ800 | 锥/直 | 2/1 | 600 | 600 | 2 | φ219×25 | 30 |
| φ1000 | 锥/直 | 2/1 | 600 | 600 | 2 | φ219×25 | 30 |
| φ1200 | 锥/直 | 2/1 | 600 | 600 | 2 | φ245×25 | 30 |
| φ1500 | 锥/直 | 2/1 | 600 | 600 | 2 | φ273×25 | 30 |
| φ1800 | 锥/直 | 2/1 | 600 | 600 | 2 | φ273×25 | 30 |
| φ2000 | 锥/直 | 2/1 | 600 | 600 | 2 | φ325×25 | 30 |

# 四、分体式钻头

**简介：**分体式钻头根据结构不同可分为截齿分体式钻头、斗齿分体式钻头、筒式两瓣斗、无噪分体式钻头。

**主要组成部件：**

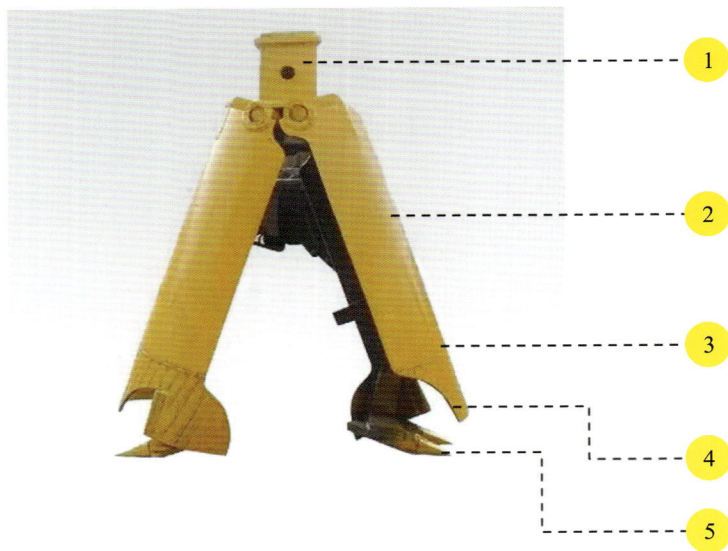

**部件名称**

| 序号 | 名称 |
|------|------|
| 1 | 方头 |
| 2 | 筒体 |
| 3 | 下圈 |
| 4 | 齿板 |
| 5 | 切削齿 |

**分体式钻头类型：**

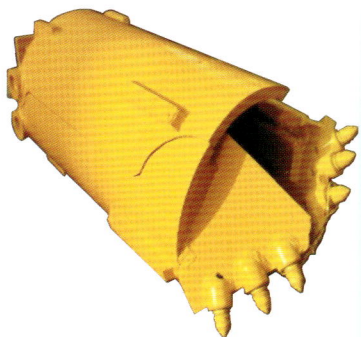

**1. 截齿分体式钻头**
截齿分体式钻头适用于胶结较差粒径较小的卵石地层。

**2. 斗齿分体式钻头**
斗齿齿分体式钻头适用于淤泥、黏土地层。

**3. 筒式两瓣斗**
筒式两瓣斗适用于硬胶泥、黏性较大的淤泥地层。

**4. 无噪分体式钻头**
无噪分体式钻头适用于城市地区较软地层。

**推广应用及技术参数**

截齿分体式钻头于河南洛阳进行施工

**系列分体式钻头技术参数**

| 规格 | 上筒壁厚/mm | 下筒直径/mm | 下筒壁厚/mm | 齿板厚度/mm | 旋转轴直径/mm | 旋转套直径/mm | 齿数 |
|------|------------|------------|------------|------------|--------------|--------------|------|
| $\phi600$ | 25 | 520 | 30 | 40 | 80 | 127 | 6 |
| $\phi800$ | 25 | 680 | 40 | 40 | 80 | 127 | 8 |
| $\phi1000$ | 25 | 850 | 40 | 40 | 80 | 127 | 12 |
| $\phi1200$ | 25 | 1060 | 40 | 40 | 100 | 140 | 15 |
| $\phi1250$ | 25 | 1100 | 40 | 40 | 100 | 140 | 15 |

# 五、扩底钻头

简介：扩底钻头根据结构不同可分为截齿扩底钻头、钎头扩底钻头、牙轮扩底钻头及滚刀扩底钻头。

主要组成部件：

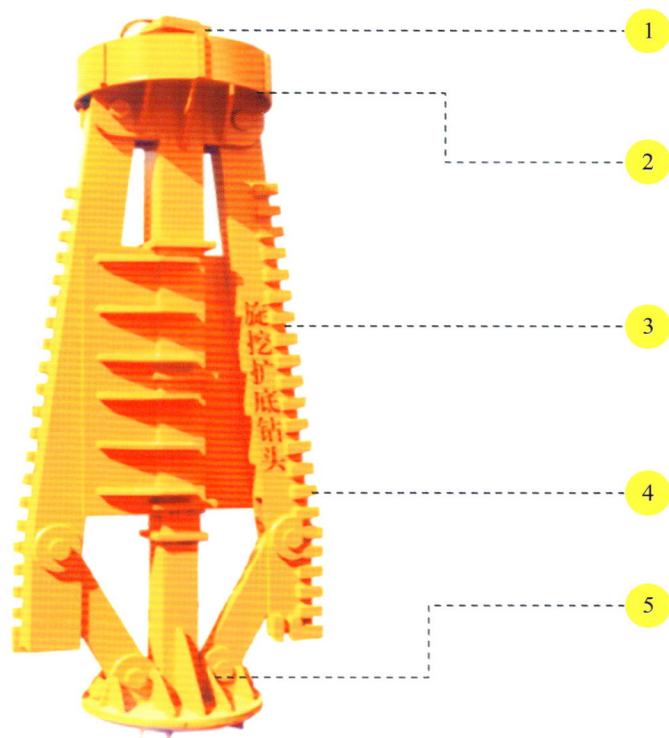

旋挖扩底钻头

**部件名称**

| 序号 | 名称 |
| --- | --- |
| 1 | 方头 |
| 2 | 导正圈 |
| 3 | 刀翼 |
| 4 | 切削齿 |
| 5 | 底座 |

**扩底钻头类型：**

**1. 截齿扩底钻头**

截齿扩底钻头适用于卵砾石层及风化岩层。

**2. 钎头扩底钻头**

钎头扩底钻头适用于土层及较软岩层。

**3. 牙轮扩底钻头**

牙轮扩底钻头适用于卵砾石层及中硬地层。

**4. 滚刀扩底钻头**

滚刀扩底钻头适用于各类基岩、中等颗粒的卵石层。

## 推广应用及技术参数

超大直径扩底钻头

扩底钻头于陕西西安进行扩底施工

### 系列扩底钻头技术参数

| 规格 | 钻头直径/mm | 最大扩底直径/mm | 扩底角/(°) | 最大直径锥体高度/mm | 最大直径段高度/mm |
| --- | --- | --- | --- | --- | --- |
| φ600 | 600 | 1200 | 20 | 825 | 250 |
| φ800 | 800 | 1600 | 20 | 1100 | 250 |
| φ1000 | 1000 | 2000 | 20 | 1370 | 250 |
| φ1200 | 1200 | 2400 | 20 | 1650 | 300 |
| φ1500 | 1500 | 3000 | 20 | 2060 | 350 |
| φ1800 | 1800 | 3600 | 20 | 1950 | 350 |
| φ2000 | 2000 | 4000 | 20 | 2150 | 350 |

# 六、套管

**简介**：套管主要用于施工过程中保护井壁，在复杂地层钻进时，通常需要全孔下套管，尤其在国外，几乎所有的旋挖钻进施工均要求采用全套管施工工艺。

**主要组成部件：**

| 部件名称 | |
|---|---|
| 序号 | 名称 |
| 1 | 驱动器 |
| 2 | 套管节 |
| 3 | 套管靴 |
| 4 | 切削齿 |

**主要组成部件简介：**

**1. 单壁套管**
单壁套管适用于小直径浅孔松散地层。

**2. 双壁套管**
双壁套管适用于大直径深孔复杂地层。

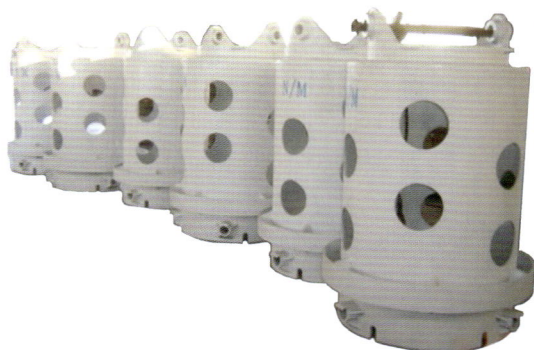

**3. 驱动器**
驱动器是套管与钻机的连接部件。

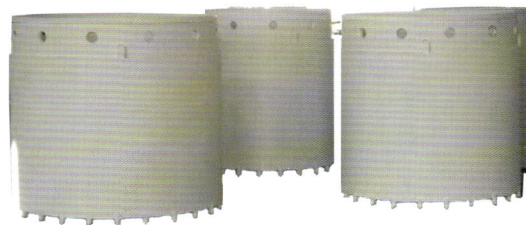

**4. 套管靴**
套管靴是套管下部钻进部分，其底部安装有切削齿。

推广应用及技术参数

双壁套管于北京实施护壁作业

单壁套管于云南昆明实施护壁作业

套管技术参数

| 套管 | 双壁 | | 单壁 | 接头 | 连接螺栓 |
|------|------|------|------|------|----------|
| D1/D2 | 外管厚度/mm | 内管厚度/mm | 壁厚/mm | 接头厚度/mm | 螺栓/pc |
| 750/670 | 12 | 8 | 20 | 40 | 10 |
| 880/800 | 12 | 8 | 20 | 40 | 10 |
| 1000/920 | 12 | 8 | 20 | 40 | 10 |
| 1200/1120 | 16 | 8 | 25 | 40 | 12 |
| 1500/1400 | 20 | 10 | 25 | 50 | 12 |
| 1800/1700 | 20 | 10 | 25 | 50 | 16 |
| 2000/1880 | 20 | 15 | 25 | 60 | 12 |

# 七、可视化扩底系统

**简介：**可视化扩底系统主要由扩底钻头、测距传感模块、显示器和电池包组成，主要用于需要进行扩底施工的桩基工程。该系统可准确采集扩底钻头的扩孔参数，并将其传输到显示器，实时直观掌握扩孔直径等相关参数。

**主要组成部件：**

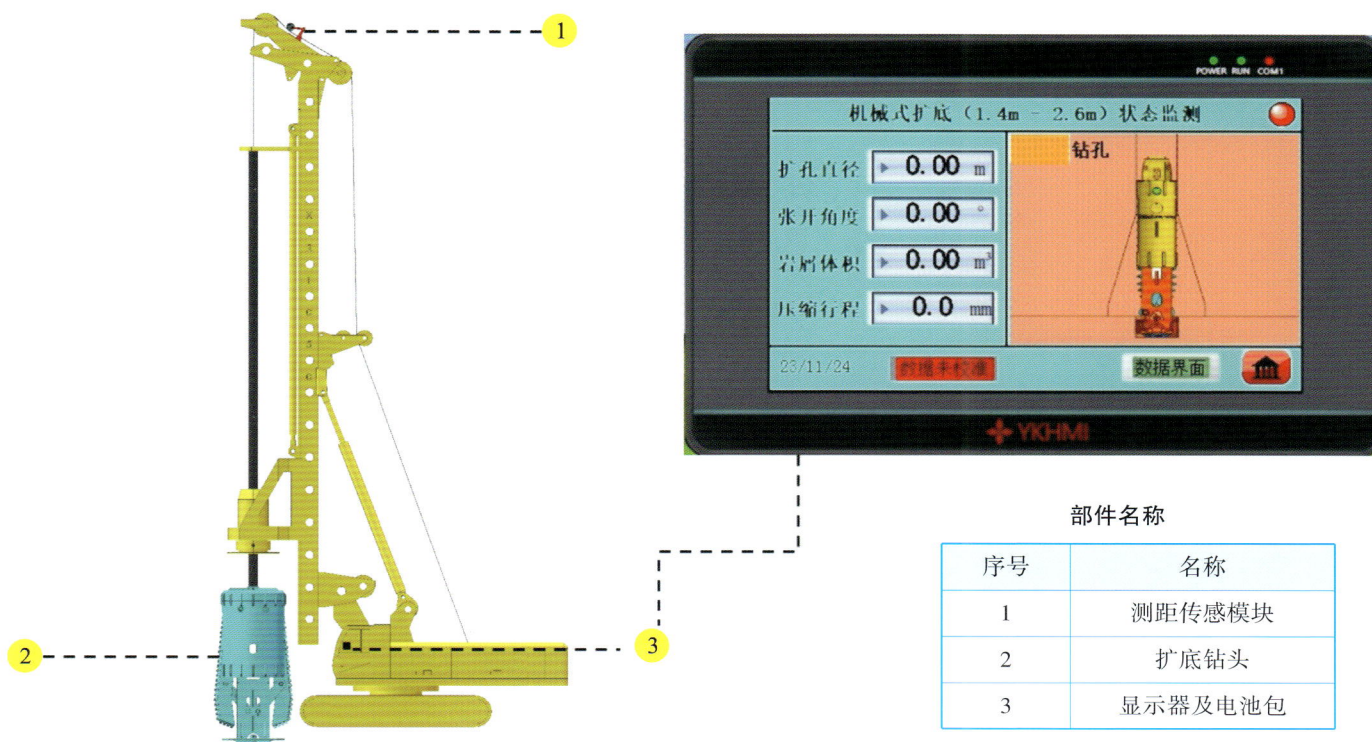

**部件名称**

| 序号 | 名称 |
|------|------|
| 1 | 测距传感模块 |
| 2 | 扩底钻头 |
| 3 | 显示器及电池包 |

**推广应用及技术参数**

可视化扩底系统于北京实施扩底作业

可视化扩底系统于雄安实施扩底作业

**可视化扩底系统技术参数**

| 名称 | 单位 | 数值 |
|---|---|---|
| 扩底钻头直径 | mm | 根据桩型定制设计 |
| 电池容量 | A·h | 200 |
| 测距传感器精度 | mm | 1 |
| 工作环境温度 | ℃ | −10~40 |

# 第二节　取心钻具

## 一、高效广谱长寿命 PDC 绳索取心钻头

**简介：** 高效广谱长寿命 PDC 绳索取心钻头重点针对传统 PDC 取心钻头结构类型单一、地层适应性较差等难题，通过更换不同类型的钻齿混合布齿形式，配合最优切削角度和转速，达到有效提高钻遇复杂地层取心钻进效率的目的，适用于地质岩心钻探取心作业。

**主要组成部件：**

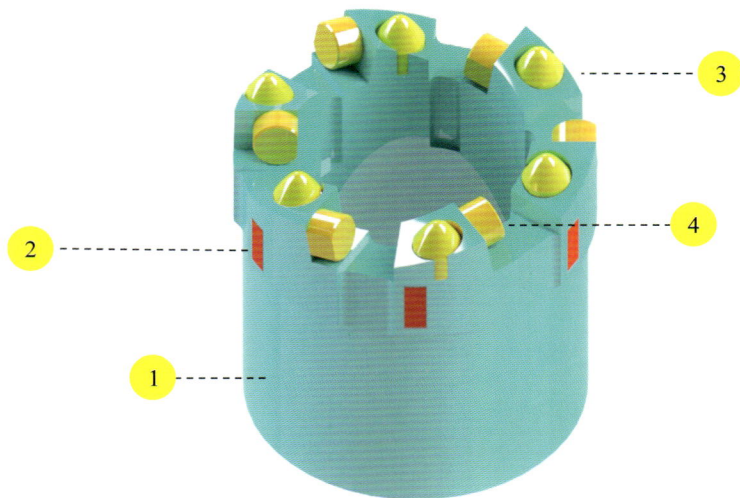

| 部件名称 | |
| --- | --- |
| 序号 | 名称 |
| 1 | 钢体 |
| 2 | 保径合金 |
| 3 | PDC 齿 1 |
| 4 | PDC 齿 2 |

主要类型：

**1. 锥型齿-圆柱齿混装布齿取心钻头**
锥型齿-圆柱齿混装布齿取心钻头适用于非均质强研磨性地层。

**2. 屋脊齿孕镶金刚石块取心钻头**
屋脊齿孕镶金刚石块取心钻头适用于均质中硬-硬地层。

**3. V形齿-W形齿混合布齿取心钻头**
V形齿-W形齿混合布齿取心钻头适用于非均质岩层。

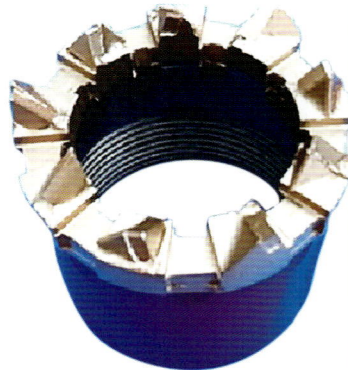

**4. 尖齿取心钻头**
尖齿取心钻头适用于泥塑性地层。

## 二、KT 系列大直径取心钻具

简介：KT 系列大直径取心钻具由上接头、单动机构、调节结构、外管、内管、卡簧组件、取心钻头等组成。钻具单动机构采用全泵量开式循环及重型推力轴承设计，强制开式润滑确保单动可靠性，且便于现场维护保养。单动机构和调节结构合为一体，结构紧凑，调节方便。

**主要组成部件：**

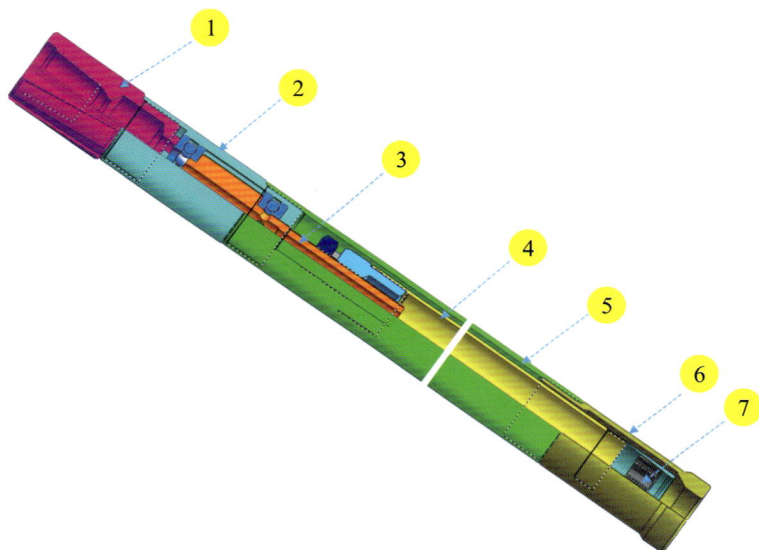

**部件名称**

| 序号 | 名称 |
| --- | --- |
| 1 | 上接头 |
| 2 | 轴承腔 |
| 3 | 心轴 |
| 4 | 岩心内管 |
| 5 | 岩心外管 |
| 6 | 取心钻头 |
| 7 | 卡簧 |

## 推广应用及技术参数

**KT 系列大直径取心钻具**

### KT 系列大直径取心钻具技术参数

| 型号 | 外筒直径 /mm | 岩心直径 /mm | 钻头外径 /mm | 顶端扣型 |
|---|---|---|---|---|
| KT-114 | 114 | 77 | 122 | NC31 |
| KT-140 | 140 | 95 | 152 | NC38 |
| KT-168 | 168 | 106 | 175 | NC46 |
| KT-178 | 178 | 120 | 216 | NC50 |
| KT-194 | 194 | 128 | 216 | NC50 |
| KT-219 | 219 | 146 | 142 | NC56 |
| KT-273 | 273 | 198 | 311 | NC56 |
| KT-298 | 298 | 214 | 311 | 7-5/8REG |

**KT 系列大直径取心钻具于黑龙江**
**实施松辽盆地科学钻探松科 2 井**

**KT 系列大直径取心钻具于新疆**
**实施油气钻井**

# 三、超长半合式岩心管取心钻具

**简介：**超长半合式岩心管取心钻具以双管或三管单动取心钻具为基本结构，可配套绳索取心或提钻取心钻具使用，通过半合式岩心管可实现破碎地层岩心保形与原状出筒，适用于地质岩心钻探、科学钻探、油气及非常规能源勘探等破碎地层取心作业。

**主要组成部件：**

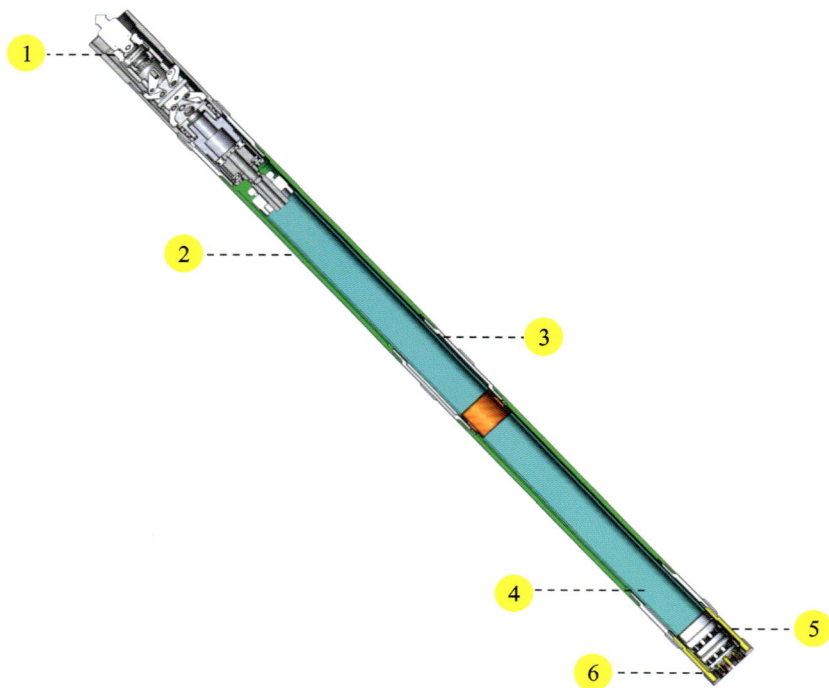

| 部件名称 | |
| :---: | :---: |
| 序号 | 名称 |
| 1 | 绳索部件 |
| 2 | 外管总成 |
| 3 | 长筒连接件 |
| 4 | 半合式岩心管 |
| 5 | 岩心卡取与承托机构 |
| 6 | 取心钻头 |

主要组成部件简介：

**1. 双管钻具悬挂总成**
双管钻具悬挂总成使取心钻具内外管连接，实现外管单动回转。

**2. 外管总成**
外管总成由多节外筒连接而成。

**3. 金刚石扶正器**
金刚石扶正器在取心钻进中保证钻具的稳定性，修整孔壁，长筒连接件。

**4. 半合式岩心管部件**
打开后的半合式岩心管如图所示。

**5. 半合管卡箍配合结构**
固定半合式岩心管如图所示，其拆装便捷，安全可靠。

**6. 半合式岩心管组装**
组装后的半合式岩心管和外管总成如图所示。

推广应用及技术参数

超长半合式岩心管取心钻具于四川实施汶川断裂带科学钻探破碎地层取心

超长半合式岩心管取心钻具技术参数

| 名称 | 单位 | 数值 |
|------|------|------|
| 适配井眼直径 | mm | 48~311 |
| 岩心直径 | mm | 36~214 |
| 回次取心长度 | m | 3~40 |
| 适配取心工艺 | — | 提钻或绳索取心 |

# 四、井底动力硬岩取心钻具

**简介**：井底动力硬岩取心钻具以研发的中空螺杆作为井下动力钻具，可使用绳索取心方式更换不同形式的内钻具，达到不提钻切换作业模式(取心钻进/全面钻进)的目的，从而实现井底动力绳索取心作业，适用于陆域、海域硬岩地层取心作业。

**主要组成部件：**

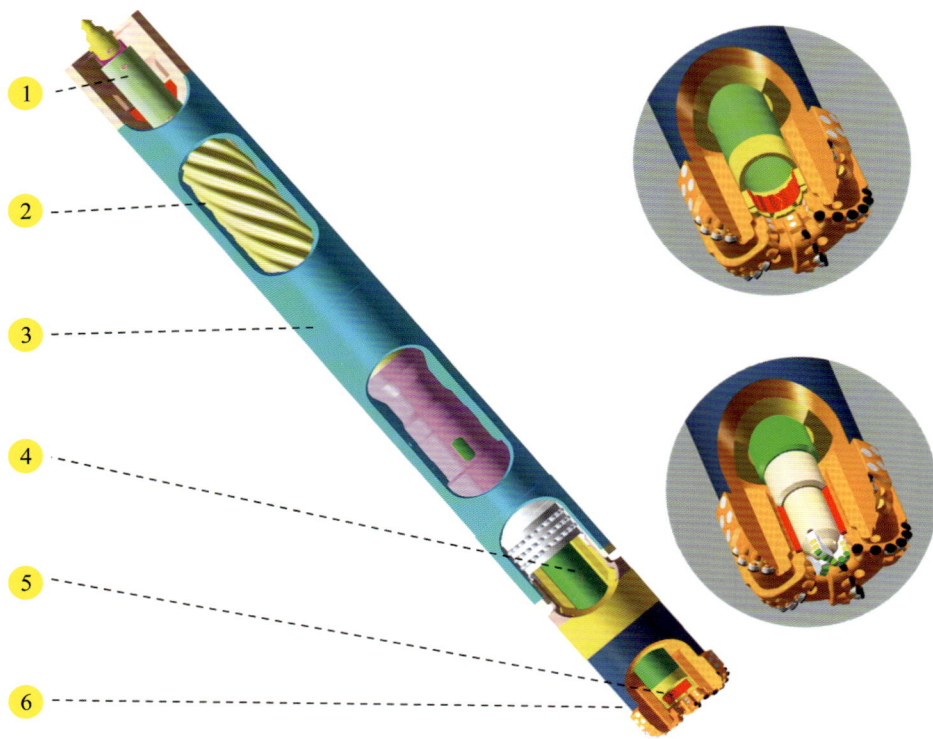

| 序号 | 名称 |
|------|------|
| 1 | 绳索部件 |
| 2 | 中空螺杆 |
| 3 | 外管总成 |
| 4 | 岩心管 |
| 5 | 断心机构 |
| 6 | 取心钻头 |

部件名称

主要组成部件简介：

**1. 绳索部件**

绳索部件由打捞器和捞矛头组成，通过绳索绞车实现打捞和投放内钻具、完成作业模式切换及捞取岩心。其属于捞矛头组件与内管总成一部分，与中空螺杆链接，通过孔口投送打捞器，对内管总成进行打捞。

**2. 中空螺杆**

中空螺杆为取心钻具传递井下动力。

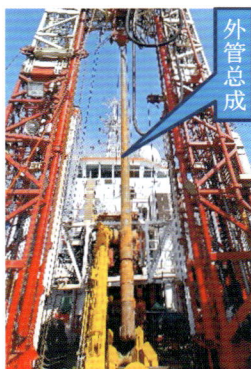

**3. 外管总成**

外管总成悬挂内管总成、传递动力和钻取岩心。

**4. 岩心管**

岩心管在取心钻进中容纳及保护岩心。

**5. 断心机构**

断心机构包括卡簧座、卡簧、挡圈等零件，用于回次钻进结束后卡取岩心。

**6. 取心钻头**

取心钻头在钻进中以环状端面破碎岩石，获得圆柱状岩心样品，该套钻具配备有孕镶金刚石、牙轮等多种类型取心钻头，以满足不同类型地层取心要求。

## 推广应用及技术参数

井底动力硬岩取心钻具于广东汕尾海域
实施海洋硬岩取心钻探

井底动力硬岩取心钻具于山东东营
实施陆地硬岩取心钻探

**井底动力硬岩取心钻具技术参数**

| 技术参数 | 单位 | KZ-216 | KZ-241 |
|---|---|---|---|
| 钻具外径 | mm | φ197 | φ203 |
| 取心钻头规格 | mm | φ216 | φ241 |
| 内钻具直径 | mm | φ79 | φ86 |
| 岩心直径 | mm | φ55 | φ70 |
| 回次取心长度 | m | ≥7.5 | ≥9 m |
| 螺杆转速 | r/min | 69~137 | 72~145 |
| 工作压降 | MPa | 4.5~5.5 | 3.5~5 |
| 工作排量 | L/s | 19~38 | 22~40 |
| 扭矩输出 | N·m | 9823~11556 | 6260~8315 |

## 五、保压取心钻具

**简介：**保压取心作为一种特殊的钻井取心手段，能够使取出的岩心始终保持地层的原始压力，因此岩石的物理、化学性质不会因压力释放而发生破坏，岩心中的流体也不会挥发及流失，对于正确认识地质情况、进行科学的储量计算、合理地制定开发方案、提高油气等资源采收率具有重要意义。

**主要组成部件：**

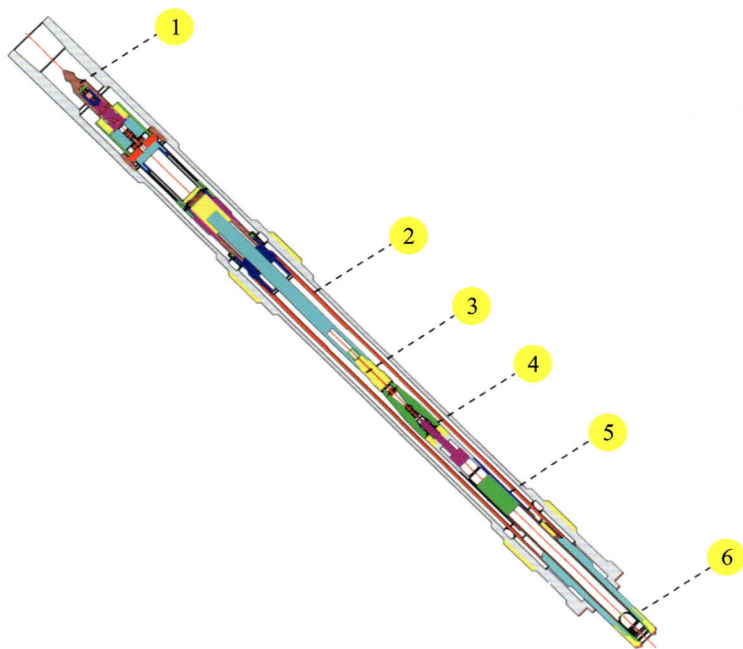

| 序号 | 名称 |
|------|------|
| 1 | 打捞组件 |
| 2 | 保压筒组件 |
| 3 | 测压接头 |
| 4 | 脱钩机构 |
| 5 | 温压采集模块 |
| 6 | 超前取心钻头 |

部件名称

**主要组成部件简介：**

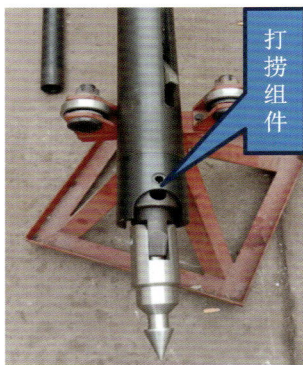

**1.打捞组件**

打捞组件包含打捞矛头、弹卡及单动机构，是实现绳索取样工艺的重要组成部分。

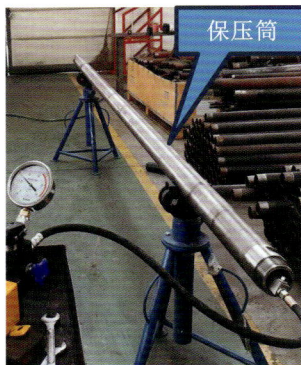

**2.保压筒组件**

保压筒组件主要由上密封接头、保压筒和板阀组成，是岩心实现保压功能的最重要部件。

**3.测压接头**

当保压钻具被回收到井口时，通过测压接头来检测保压筒组件的内部压力，判断保压密封情况。

**4.脱钩机构**

作为实现板阀可靠密封的关键部件，脱钩机构在岩心管被回收到保压筒且板阀关闭后，再次将岩心管压向板阀，促使板阀有效密封。

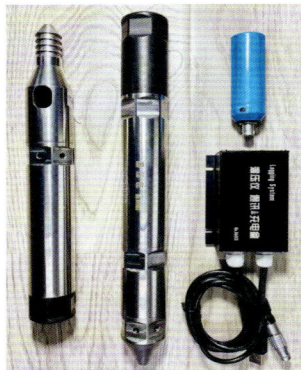

**5.温压采集模块**

温压采集模块通过温度和压力传感器采集井下温压参数，并储存数据。

**6.超前取心钻头**

超前取心钻头用于松软、破碎地层取样，减少钻井液对岩心(样)的冲蚀。

## 推广应用及技术参数

保压取心钻具于贵州铜仁实施页岩气钻探

保压取心钻具于黑龙江鸡西实施煤层气钻探

**保压取心钻具技术参数**

| 名称 | 单位 | 数值 |
|------|------|------|
| 钻头外径 | mm | 216 |
| 岩心直径 | mm | 75 |
| 泵量 | L/s | 10~15 |
| 钻压 | t | 6~8 |
| 回次取心长度 | m | 2.5~3.5 |
| 最大保压压力 | MPa | 45 |
| 2小时内压力损失比例 | — | ≤10% |

# 六、绳索定向取心钻具

**简介**：绳索定向取心钻具采用绳索取心工艺，实现了高速螺杆与轨迹测量单元的有机融合，重点解决了定向钻进时难以进行连续取心的技术瓶颈，通过对钻进轨迹的精准调控，能够实现地下三维空间内的精准取心，获取见矿点的精确空间坐标，提高见矿率。

**主要组成部件：**

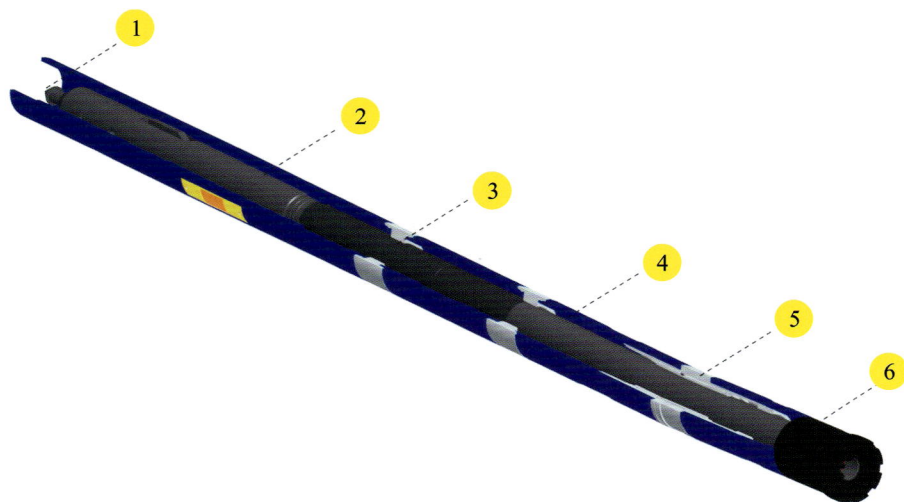

| 序号 | 名称 |
|:---:|:---:|
| 1 | 打捞组件 |
| 2 | 轨迹测量单元 |
| 3 | 高速螺杆 |
| 4 | 取心组件 |
| 5 | 单弯短节 |
| 6 | 取心钻头 |

部件名称

**主要组成部件简介:**

**1. 打捞组件**

打捞组件包含打捞矛头、弹卡及单动机构,是实现绳索取心工艺的重要组成部分。

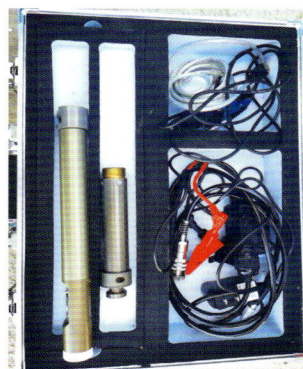

**2. 轨迹测量单元**

轨迹测量单元实时测量钻孔轨迹,并存储数据,通过锂电池供电,可蓝牙读取数据。

**3. 高速螺杆**

高速螺杆转速可达280~330 r/min,配合取心钻头可有效提高钻进效率。

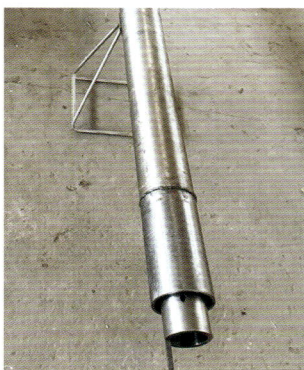

**4. 取心组件**

高柔韧性取心组件在造斜率为7.5°/30 m 时仍可高效取心。取心直径为 50 mm(使用 $\phi$114 mm 绳索取心钻杆)。

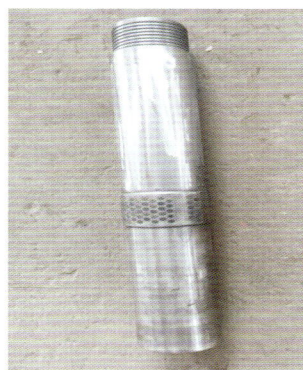

**5. 单弯短节**

单弯角度可根据需要调节,调节范围为 0~2°,结构尺寸可使取心钻具通过。

**6. 取心钻头**

取心钻头采用孕镶金刚石钻头,配套高速螺杆的高转速,实现快速钻进。

**推广应用及技术参数**

绳索定向取心钻具于河北唐山开展功能性试验

绳索定向取心钻具于浙江诸暨实施破碎带定向连续取心

**绳索定向取心钻具技术参数**

| 名称 | 单位 | 数值 |
|------|------|------|
| 钻头外径 | mm | 135 |
| 岩心直径 | mm | 50 |
| 泵量 | L/s | 6~8 |
| 钻压 | t | 3~4.5 |
| 回次取心长度 | m | 3 |
| 造斜能力 | (°)/30 m | 6 |
| 钻头转速 | r/min | 280~330 |

## 七、绳索强制取心钻具

**简介**：绳索强制取心钻具是在绳索取心钻进工艺基础上增加强制断心功能的取心钻具，在回次钻进结束后，通过调节泥浆泵泵量，完成钻具孔底强制割心，可有效防止岩心脱落。钻具配有内壁镀铬岩心管、隔液钻头等，可有效提升松散、破碎等复杂地层的回次进尺长度及岩心采取质量。钻具兼具绳索取心内管投送、快速打捞等技术优势，操作便捷，钻进效率高，地层适应性强，尤其适用于复杂地层取心。

**主要组成部件：**

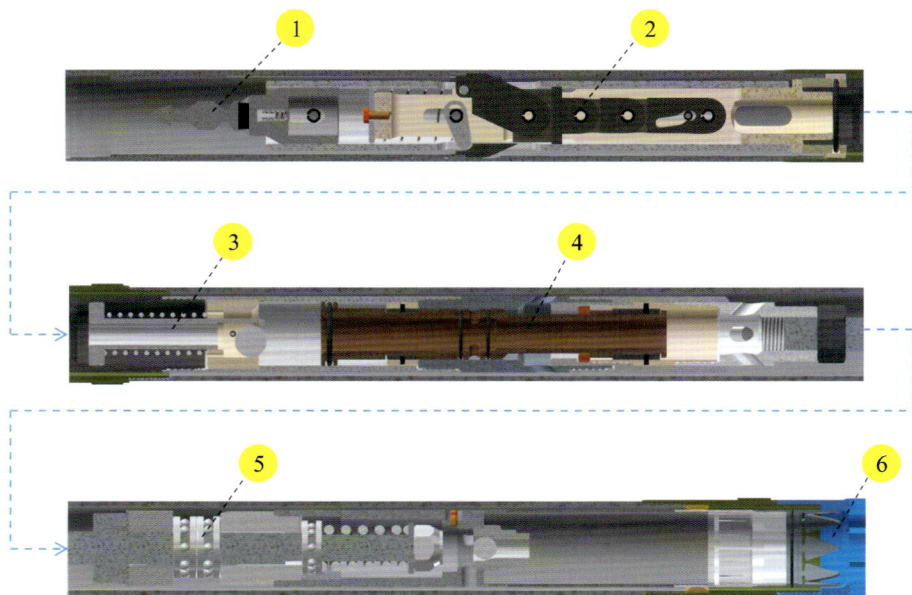

### 部件名称

| 序号 | 名称 |
|:---:|:---:|
| 1 | 打捞机构 |
| 2 | 铰链式弹卡定位机构 |
| 3 | 投球机构 |
| 4 | 差动机构 |
| 5 | 单动机构 |
| 6 | 断心机构 |

**主要组成部件简介：**

**1. 打捞机构**

打捞机构主要零件为捞矛头，与打捞器相配合，在回次钻进结束后，由地表向钻杆内部下入打捞器，抓取捞矛头后，上提打捞器，完成内管总成打捞。

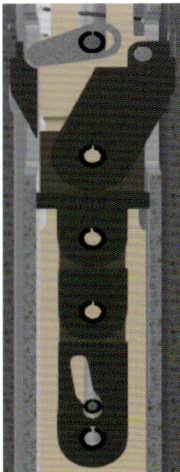

**2. 铰链式弹卡定位机构**

铰链式弹卡定位机构主要包括弹卡和铰链结构，用于限定内管总成与外管总成的相对位置。打捞内管总成时铰链收缩，为弹卡向钻具内部回收让出足够空间，可有效解决堵心时发生的因弹卡顶死而无法顺利打捞内管的技术难题。

**3. 投球机构**

投球机构主要包括投球活塞、弹簧及钢球，通过调节地表泥浆泵排量增加投球活塞受力，从而压缩弹簧完成钢球投放。

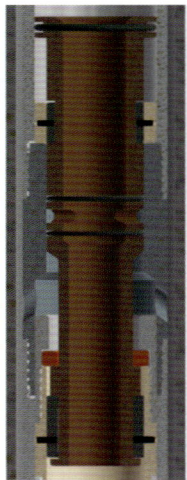

**4. 差动机构**

差动机构主要包括差动活塞及密封件，钢球由投球机构释放后，落入差动活塞，使钻具内部压力升高，差动活塞受力下行，带动与其相连的岩心管、岩心爪等零件下行，执行割心动作。

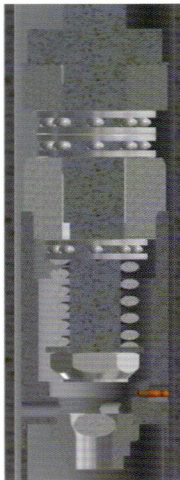

**5. 单动机构**

单动机构主要包括心轴、推力轴承及弹簧，主要用于保持岩心管及其相连接零件在钻进过程中的静止状态，以减轻钻进过程中岩心管对于入管岩心的磨损，提高岩心采取质量。

**6. 断心机构**

断心机构主要包括卡簧、卡簧座、岩心爪及取心钻头，回次钻进结束后，岩心爪受力向内收缩，割断松散、破碎地层岩心，卡簧用于拔断完整坚硬地层岩心，提高了取心钻具对于地层变化的适应性。

## 推广应用及技术参数

绳索强制取心钻具于青海格尔木实施金矿勘探

绳索强制取心钻具于山东平度实施金矿勘探

岩心爪割心闭合

内壁镀铬岩心管

**绳索强制取心钻具技术参数**

| 钻头外径/mm | 钻头内径/mm | 钻具长度/m | 岩心管长度/m | 强制取心泵量/($L \cdot min^{-1}$) | 强制取心泵压/MPa |
|---|---|---|---|---|---|
| 95 | 64 | 3.6/5.1 | 1.5/3.0 | 160 | 6~8 |

# 八、伸缩式取心钻具

**简介**：伸缩式取心钻具是用于海洋沉积岩地层取心的钻具类型之一。该钻具可根据地层强度自适应调节内管钻头伸出外总成钻头的长度，对于地层的变化具有较强的适应性，可兼顾"提高岩心采取率"和"提高钻进速度"的钻探需求。

**主要组成部件：**

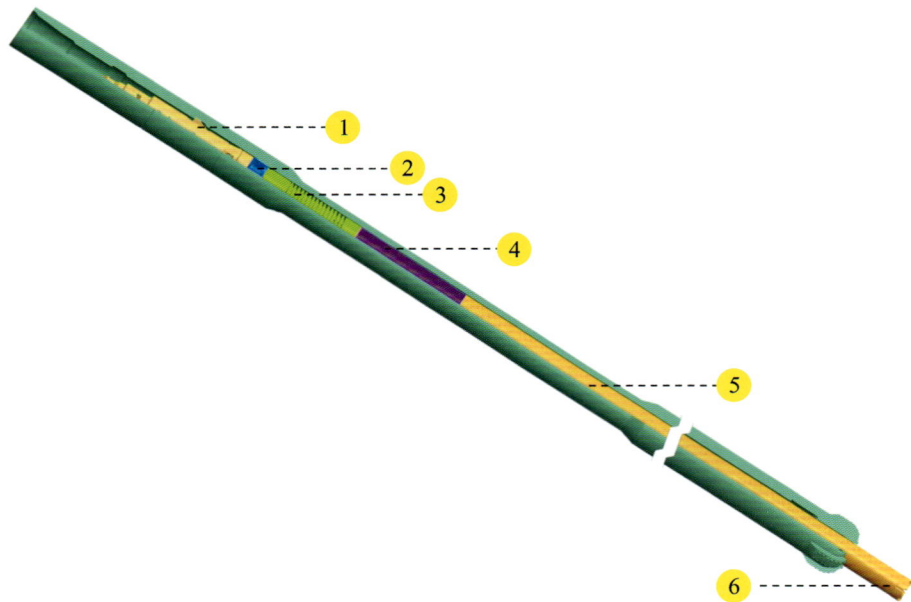

部件名称

| 序号 | 名称 |
|------|------|
| 1 | 弹卡打捞总成 |
| 2 | 悬挂机构 |
| 3 | 弹性组件 |
| 4 | 喷反机构 |
| 5 | 岩心管 |
| 6 | 内钻头及拦簧 |

**主要组成部件简介:**

**1. 弹卡打捞总成**
弹卡打捞总成用于配合打捞器打捞内总成,是内总成工作上限位。

**2. 悬挂机构**
悬挂机构用于将内总成悬挂在外总成中,是内总成在外总成中的下限位。

**3. 弹性组件**
弹性组件为内钻头的伸缩提供能量。

**4. 喷反机构**
喷反机构利用文丘里效应使岩心管上方降压,辅助进岩。

**5. 岩心管**
岩心管为双层管,分为外部钢管及内部 PC 管,用于装载采取的岩心。

**6. 内钻头及拦簧**
内钻头及拦簧用于钻进地层,拦簧能防止岩心丢失。

推广应用及技术参数

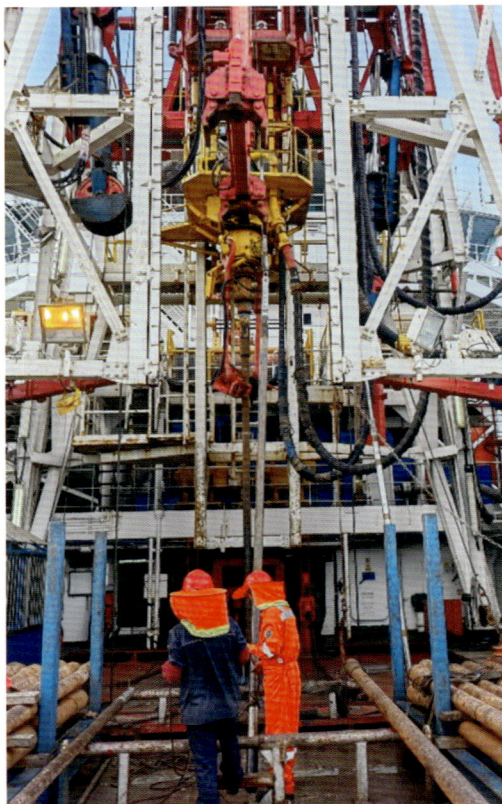

伸缩式取心钻具于某海域实施取心钻探

伸缩式取心钻具于某海域实施取心钻探

**伸缩式取心钻具技术参数**

| 名称 | 单位 | 数值 |
|------|------|------|
| 钻头外径 | mm | 216 |
| 岩心直径 | mm | 70 |
| 泵量 | L/s | 40~60 |
| 钻压 | t | 0.5~2.0 |
| 回次取心长度 | m | 3~4 |

# 九、活塞压入式取心钻具

**简介:** 活塞压入式取心钻具是一种用于海底表层取心的钻具。该钻具在密封管柱内建立高液压,推动内管钻头插入地层,从而将地层岩心纳入岩心管中,对极软地层能明显减小岩心扰动,提高岩心采取质量及效率。

**主要组成部件:**

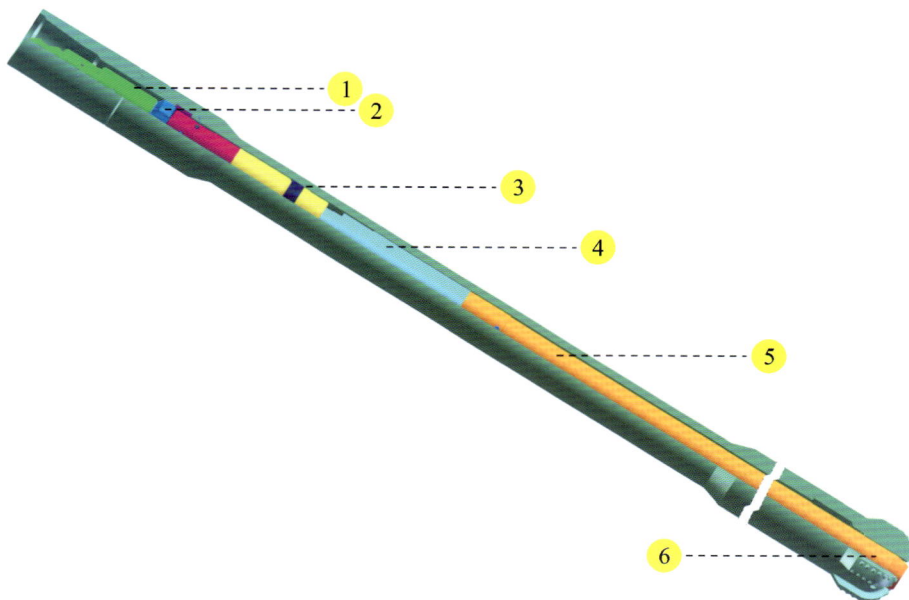

| 序号 | 名称 |
|---|---|
| 1 | 打捞总成 |
| 2 | 悬挂机构 |
| 3 | 密封机构 |
| 4 | 快拆机构 |
| 5 | 岩心管 |
| 6 | 钻头及拦簧 |

部件名称

**主要组成部件简介：**

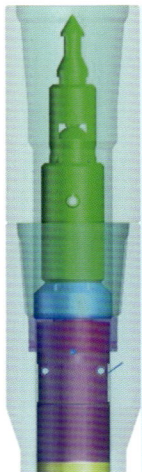

**1. 打捞总成及悬挂机构**
打捞总成用于打捞器打捞钻具等，悬挂机构用于内总成在外总成中的悬挂定位。

**2. 密封机构**
密封机构用于内外总成的密封，从而建立管柱内液压。

**3. 快拆机构**
快拆机构用于快速拆开活塞钻具的上、下部分。

**4. 岩心管**
岩心管分为外部钢管及内部PC管，用于装载岩心。

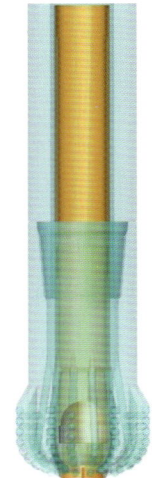

**5. 钻头及拦簧**
钻头用于钻进地层，拦簧用于防止岩心掉落出岩心管。

推广应用及技术参数

活塞压入式取心钻具于某海域实施取心钻探

活塞压入式取心钻具技术参数

| 名称 | 单位 | 数值 |
|---|---|---|
| 钻头外径 | mm | 216 |
| 岩心直径 | mm | 70 |
| 泵量 | L/s | 4 |
| 钻压 | t | 0 |
| 回次取心长度 | m | 4 |

# 第三节　孔底动力钻具

## 一、液动锤

### (一) YZX 系列液动锤

**简介**：液动锤是依靠冲洗液驱动内部冲锤往复运动并产生轴向冲击从而实现冲击回转钻进功能的孔底动力工具，具有机械钻速高、回次进尺长、钻头寿命长、钻孔质量好、孔内事故少、钻进效率高、应用范围广等优点，目前已广泛应用于地质、煤炭、建筑、核工业、石油、冶金等各行业，社会经济效益显著。

**主要组成部件：**

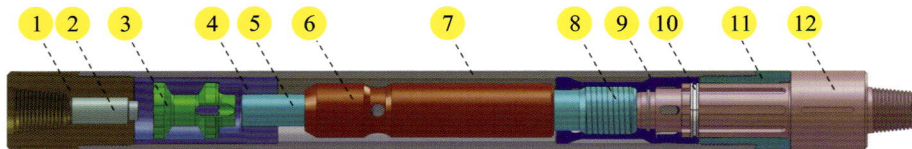

**部件名称**

| 序号 | 名称 |
|------|------|
| 1 | 上接头 |
| 2 | 喷嘴 |
| 3 | 上阀 |
| 4 | 上缸套 |
| 5 | 上活塞 |
| 6 | 冲锤体 |
| 7 | 外管 |
| 8 | 下活塞 |
| 9 | 下缸套 |
| 10 | 卡瓦 |
| 11 | 花键套 |
| 12 | 花键轴 |

推广应用及技术参数

**YZX89** 型液动锤于山东青岛实施非开挖钻探

**YZX98** 型液动锤于四川实施汶川科学
钻探二号钻孔

**YZX130** 型液动锤于四川实施汶川科学
钻探四号钻孔

推广应用及技术参数

YZX130 型液动锤于辽宁旅顺实施地热勘探

YZX178 型液动锤于青海共和实施干热岩钻井

YZX178 型液动锤于黑龙江实施松辽盆地松科 2 井科学钻探

## 推广应用及技术参数

**系列液动锤技术参数**

| 技术参数 | YZX54 | YZX73 | YZX89 | YZX98 | YZX108 | YZX130 | YZX146 | YZX178 | YZX245 |
|---|---|---|---|---|---|---|---|---|---|
| 液动锤外径/mm | 54 | 73 | 89 | 98 | 108 | 130 | 146 | 178 | 245 |
| 钻孔直径/mm | 56~65 | 75~85 | 91~105 | 112~120 | 120~136 | 136~152 | 165~190 | 216~245 | 273~311 |
| 冲锤重量/kg | 4 | 5.5 | 7 | 15 | 27 | 35 | 37 | 68 | 120 |
| 冲锤行程/mm | 15~25 | 20~25 | 20~30 | 30~40 | 40~50 | 40~50 | 40~50 | 30~60 | 105~110 |
| 自由行程/mm | 5~8 | 6~10 | 7~12 | 10~12 | 10~15 | 10~15 | 10~15 | 25~35 | 30~35 |
| 冲击频率/Hz | 10~25 | 10~25 | 10~25 | 7~20 | 7~20 | 5~15 | 5~15 | 5~15 | 5~10 |
| 冲击功/J | 10~50 | 15~70 | 20~90 | 80~120 | 100~180 | 120~250 | 150~300 | 200~400 | 250~450 |
| 工作泵量/(L·mim$^{-1}$) | 60~90 | 90~150 | 120~190 | 250~500 | 400~600 | 550~850 | 550~850 | 900~1800 | 1800~2400 |
| 工作泵压/MPa | 0.5~2.0 | 0.8~3.0 | 1~3 | 1.5~4.0 | 1.5~4.5 | 2.0~5.0 | 2.0~5.0 | 2.0~5.0 | 2.0~5.0 |
| 总长/mm | 863 | 1000 | 1000 | 1600 | 1800 | 1950 | 2280 | 2880 | 2460 |
| 总质量/kg | 12 | 25 | 35 | 72 | 99 | 120 | 220 | 410 | 700 |
| 冲洗液 | 清水、乳化液、优质泥浆 | | | | | | | | |

## (二) SYZX 系列绳索取心液动锤

**简介**：绳索取心液动锤将岩心钻探领域中绳索取心技术和液动潜孔锤技术两项先进技术有机地结合，可充分发挥绳索取心少提大钻，纯钻进时间长，劳动强度低，台月效率高，以及液动潜孔锤机械钻速高、回次进尺长、钻头寿命长、钻孔质量好等优势。

**主要组成部件：**

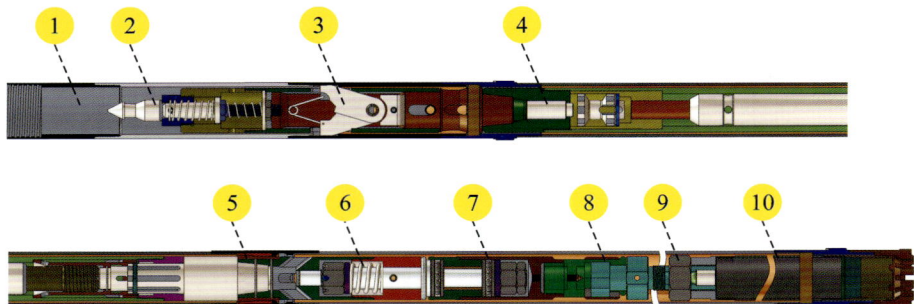

### 部件名称

| 序号 | 名称 |
|------|------|
| 1 | 外管总成 |
| 2 | 打捞机构 |
| 3 | 定位机构 |
| 4 | 冲击机构 |
| 5 | 传功机构 |
| 6 | 缓冲机构 |
| 7 | 单动机构 |
| 8 | 分离机构 |
| 9 | 调节机构 |
| 10 | 内岩心管 |

推广应用及技术参数

**SYZX75** 型绳索取心液动锤于广西崇左
实施地质岩心钻探

**SYZX96** 型绳索取心液动锤于江西景德镇
实施地质岩心钻探

**SYZX122** 型绳索取心液动锤于河北博野
实施地热勘探

## 推广应用及技术参数

**系列绳索取心液动锤技术参数**

| 参数/型号 | SYZX59 | SYZX75 | SYZX96 | SYZX122 | SYZX135 | SYZX150 |
|---|---|---|---|---|---|---|
| 配套绳索取心钻具型号 | S59 | S75 | S96 | S122 | S135 | S150 |
| 配套液动锤型号 | YZX46 | YZX54 | YZX73 | YZX89 | YZX98 | YZX98 |
| 钻具外径/mm | 56 | 73 | 89 | 114 | 131 | 140 |
| 钻头直径/mm | 59 | 75.5 | 95.5 | 122 | 135 | 150 |
| 自由行程/mm | 4~7 | 5~8 | 6~10 | 9~15 | 10~12 | 10~12 |
| 工作泵量/(L·min$^{-1}$) | 50~80 | 60~90 | 90~120 | 120~190 | 250~300 | 250~300 |
| 工作泵压/MPa | 0.5~2.0 | 0.5~2.0 | 0.5~3.0 | 1.0~3.0 | 1.5~4.0 | 1.5~4.0 |
| 冲击频率/Hz | 30~45 | 25~40 | 20~40 | 15~30 | 20~40 | 20~40 |
| 冲击功/J | 10~20 | 10~50 | 15~70 | 20~90 | 80~120 | 80~120 |
| 总长/mm | 4100 | 5195 | 5500 | 5530 | 6185 | 6350 |
| 总重/kg | 56 | 75 | 115 | 180 | 340 | 380 |
| 冲洗液 | 清水、乳化液、优质泥浆 | | | | | |

# 二、涡轮钻具

## (一)KWL 系列全面钻进涡轮钻具

**简介：**涡轮钻具属于孔底动力钻具范畴，在井底直接驱动钻头高速旋转而钻杆柱不转或低速旋转，其关键零部件有涡轮定子、涡轮转子、四支点推力轴承、TC 轴承、PDC 轴承等，涉及精密铸造、薄壁壳及细长轴精密加工技术，耐高温高压，适于深井超深井、坚硬地层钻进。KWL 系列涡轮钻具是中国地质科学院勘探技术研究所自主研制的全金属耐高温高压的孔底动力钻具，既可供全面钻进，也可用于驱动长筒取心钻具钻进。

**主要组成部件：**

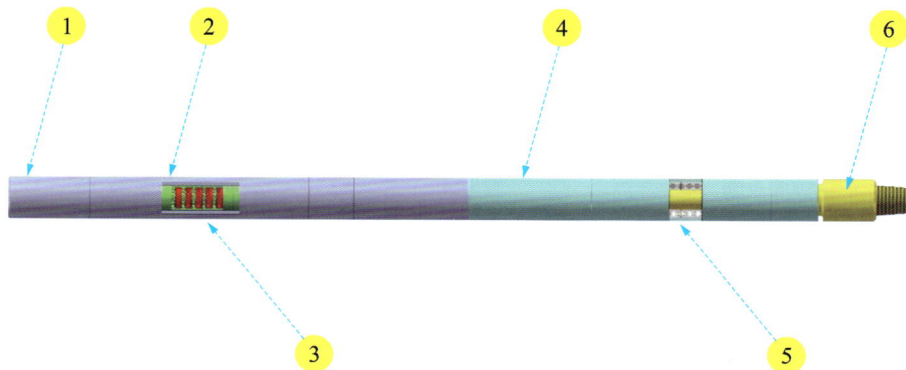

| 部件名称 | |
|:---:|:---:|
| 序号 | 名称 |
| 1 | 上接头 |
| 2 | 涡轮节 |
| 3 | 定子、转子 |
| 4 | 支承节 |
| 5 | 轴承组 |
| 6 | 输出轴 |

**主要组成部件简介：**

**1. 上接头**

上接头是用于连接钻杆柱中的钻铤，并与涡轮钻具壳体连接的固定壳系零件。

**2. 定子、转子**

定子、转子是涡轮节的主要组成零部件，定子、转子由许多叶片组成，通过叶片将钻井液的液压能转化为机械能，定子固定，转子转动。

细长轴

**3. 细长轴**

细长轴是涡轮钻具的主轴，定子、转子主要安装在涡轮节的细长轴上，产生扭矩并传递至钻头。

**4. 支承节**

支承节用来连接钻头并承受井底钻压产生的反作用力。

**5. 轴承组**

轴承组由碳化钨、硬质合金等烧结而成，起径向扶正作用，减小输出轴的震动。

推广应用及技术参数

KWL 系列全面钻进涡轮钻具于新疆克拉玛依
实施油气钻井

KWL 系列全面钻进涡轮钻具于青海共和
实施干热岩钻井

KWL 系列全面钻进涡轮钻具

**KWL 系列涡轮钻具技术参数**

| 规格型号 | 涡轮外径<br>/mm | 排量<br>/(L·s$^{-1}$) | 泥浆密度<br>/(g·cm$^{-3}$) | 转速<br>/(r·min$^{-1}$) | 工作扭矩<br>/(N·m$^{-1}$) | 制动扭矩<br>/(N·m$^{-1}$) | 压降<br>/MPa | 整机长度<br>/m | 最大钻压<br>/kN |
|---|---|---|---|---|---|---|---|---|---|
| KWL89 | 89 | 4~8 | 1.1~1.2 | 800~1800 | 252~627 | 290~702 | <9.7 | 6.9 | 30 |
| KWL108S | 108 | 8~10 | 1.1~1.2 | 720~1500 | 392~934 | 417~995 | <10.5 | 6.21 | 35 |
| KWL127 | 127 | 10.5~12 | 1.1~1.3 | 584~1321 | 520~1080 | 650~1320 | <8.3 | 7.82 | 45 |
| KWL140 | 140 | 12.5~15 | 1.1~1.3 | 480~1154 | 467~1192 | 849~1890 | <8.0 | 8.21 | 50 |
| KWL178 | 178 | 18~22 | 1.1~1.3 | 570~1240 | 948~1920 | 1216~3140 | <6.8 | 9.12 | 60 |
| KWL194 | 194 | 20~25 | 1.1~1.4 | 450~1015 | 1076~2465 | 1630~4108 | <7.3 | 9.15 | 60 |
| KWL216 | 216 | 22~26 | 1.1~1.4 | 352~800 | 1859~3292 | 2440~4789 | <6.7 | 9.75 | 60 |
| KWL240 | 240 | 30~45 | 1.1~1.4 | 180~400 | 2640~5700 | 3080~6640 | <9.8 | 12.5 | 60 |
| KWL244-Z | 244 | 30~45 | 1.1~1.4 | 350~700 | 2950~5470 | 3370~6420 | <11.0 | 11.5 | 60 |
| KWL273 | 273 | 40~50 | 1.1~1.4 | 400~800 | 3100~5520 | 4340~7728 | <11.0 | 10.5 | 65 |

## (二) 中空式涡轮钻具

**简介**：中空式涡轮钻具的结构特点是，既满足井下回转驱动钻进，又有内部贯通式中空通道供绳索取心内总成或其他测量工具投放入井，能减少钻井工程中上千米钻杆柱起下钻次数。

**主要组成部件：**

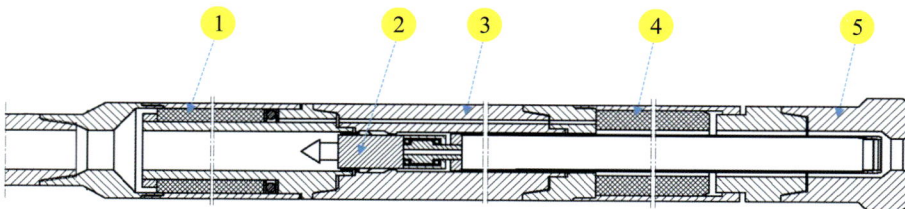

### 部件名称

| 序号 | 名称 |
|------|------|
| 1 | TC 轴承组 |
| 2 | 取心内总成 |
| 3 | 中空涡轮节 |
| 4 | 支承节总成 |
| 5 | 取心钻头 |

**主要组成部件简介：**

**1. TC 轴承组**

TC 轴承组是径向轴承组，用于确保中空涡轮节的轴系零件的同轴度。

**2. 大通径定子、转子**

大通径定子、转子是使中空涡轮节中的钻井液液压能转化为机械能的关键部件。

**3. 内总成捞矛头**

中空涡轮钻具配套的内总成捞矛头，用于捞放内部岩心管或测量探管等。

内管总成

**4. 内管总成**

内管总成配套中空涡轮钻具的取心内总成，连接捞矛头总成，形成绳索取心内管。

**5. 四支点球轴承**

四支点球轴承主要承受井底钻压产生的反作用力。

**6. 取心钻头**

取心钻头配套中空涡轮钻具及绳索取心工艺完成井底岩心获取。

## （三）绳索取心涡轮钻具

**简介：** 将全金属涡轮钻具与绳索取心的岩心内管整合成具有从钻杆柱内部独立驱动钻头回转功能的一种组合型绳索取心涡轮钻具，在工作中从钻杆柱内部投放入井内，完成取心后可随打捞机构提出地面进行检修、保养。

**主要组成部件：**

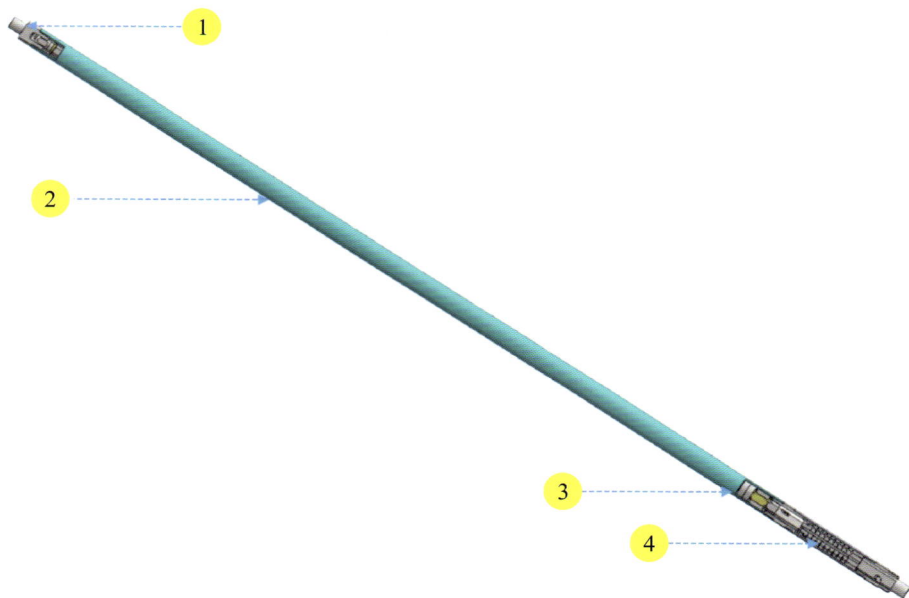

部件名称

| 序号 | 名称 |
|------|------|
| 1 | 捞矛接头 |
| 2 | 涡轮节 |
| 3 | 定子、转子 |
| 4 | 支承节总成 |

**主要组成部件简介：**

**1. 悬挂总成**

悬挂总成与投入式涡轮钻具上接头相连接，与绳索打捞器配合进行捞放。

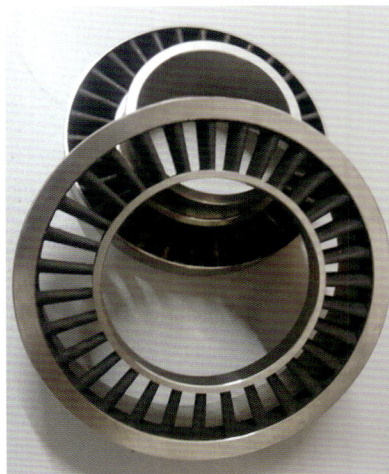

**2. 小尺寸涡轮定子、转子**

定子、转子是绳索取心涡轮将钻井液的液压能转化为机械能的关键部件。

**3. 支承节推力轴承**

支承节推力轴承主要用于承受钻头与井底产生的作用力与反作用力，确保定子、转子轴向间隙。

**4. 绳索取心涡轮节总成**

绳索取心涡轮可由单节或两节以上涡轮节组成，其连接悬挂总成后投入钻杆柱便产生周向驱动力。

# 第四节　钻杆

## 一、绳索取心钻杆

　　**简介**：绳索取心钻杆是一种适配于不提钻而能取得岩心的绳索取心钻探工艺所使用的钻杆，特点是"三高一低"，即钻速高、金刚石钻头寿命长、时间利用率高、工人劳动强度低，因此被广泛应用于地质找矿、煤田勘探等领域。根据钻探口径大小，可以分为 A、B、N、H、P、S 等系列，分别对应 48 mm、60 mm、75 mm、95 mm、122 mm、150 mm 钻探口径；根据接头与杆体壁厚，分为普通型、加强型和薄壁型。

**主要组成部件：**

**部件名称**

| 序号 | 名称 |
|------|------|
| 1 | 公接头 |
| 2 | 杆体 |
| 3 | 母接头 |

**主要组成部件简介：**

**1. 公接头**

公接头一端与杆体一体相连，组成钻杆；另一端为外螺纹，与钻杆母接头内螺纹相连，用于形成钻柱。

**2. 杆体**

杆体两端分别与母接头、公接头一体相连，组成单根钻杆。

**3. 母接头**

母接头一端与杆体一体相连，组成钻杆；另一端为内螺纹，与钻杆公接头外螺纹相连，用于形成钻柱。

**推广应用及技术参数**

高性能薄壁绳索取心钻杆于河北博野实施地热勘探

高性能薄壁绳索取心钻杆技术参数

| 型号 | 钻孔直径/mm | 钻杆外径/内径/壁厚/mm | 钻杆接头外径/内径/mm | 可用钻深/m | 安全系数 | API管材钢级 | 螺纹螺距/mm | 螺纹牙高/mm | 螺纹锥度 | 螺纹有效长度/mm | 螺纹大端小径/mm | 屈服抗拉能力/($kN \cdot m^{-1}$) | 屈服抗扭能力/($kN \cdot m^{-1}$) |
|---|---|---|---|---|---|---|---|---|---|---|---|---|---|
| S-5000 | 156 | 139.7/125.36/7.17 | 145.86/123.36 | 4500 | 2.0 | S135 | 10 | 1.5 | 1:12 | 80 | 139.06 | 247.4 | 64.0 |
| P-5000 | 128 | 114.3/100.54/6.88 | 120.5/94.54 | 5000 | 2.0 | S135 | 8 | 1.3 | 1:12 | 75 | 111.74 | 224.9 | 45.5 |
| H-5000 | 101 | 88.9/77.9/5.50 | 95.47/69.9 | 5500 | 2.0 | S135 | 8 | 1.3 | 1:12 | 70 | 87.18 | 164.8 | 25.6 |

## 二、铝合金钻杆

**简介**：铝合金钻杆指通过螺纹连接将铝合金管体与钢接头连接而成的钻杆，相较于钢钻杆，铝合金钻杆密度小、质量轻、比强度高、钻进深度大、所需能耗小，广泛应用于难进入地区、大位移井、定向井、超深井及科学钻探井中，是一种成熟可靠的钻探工具。中国地质科学院勘探技术研究所多年致力于铝合金钻杆技术研发，已具备了高强度管材研发、高性能钻杆加工、钻探工程应用的技术能力。

**主要组成部件：**

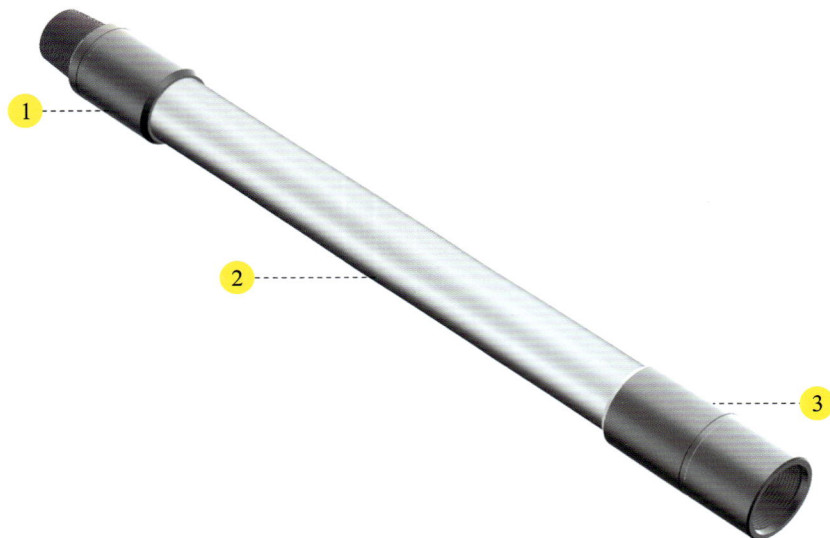

| 序号 | 名称 |
|:---:|:---:|
| 部件名称 ||
| 1 | 公接头 |
| 2 | 杆体 |
| 3 | 母接头 |

**主要组成部件简介：**

### 1. 公接头
公接头一端为内螺纹，与杆体外螺纹相连，组成钻杆；另一端为外螺纹，与钻杆母接头内螺纹相连，用于形成钻柱。

### 2. 杆体
杆体是通过挤压成型的铝合金管体，管体两端及中部加厚处理，两端均为外螺纹，其中一端与母接头内螺纹相连，另一端与公接头内螺纹相连，组成单根钻杆。

### 3. 母接头
母接头两端均为内螺纹，一端与杆体外螺纹相连，组成钻杆；另一端与钻杆公接头外螺纹相连，用于形成钻柱。

**推广应用及技术参数**

铝合金钻杆于黑龙江实施松辽盆地松科 2 井科学钻探

系列铝合金钻杆技术参数

| 型号 | 接头/mm | | 管体/mm | | 定尺长度/m | 抗拉能力/kN | 抗扭能力/(kN·m⁻¹) | 平均线重/(kg·m⁻¹) | 螺纹类型标准 | |
|---|---|---|---|---|---|---|---|---|---|---|
| | 外径 | 内径 | 外径 | 内径 | | | | | 接头 | 管体 |
| φ50ADP | 65 | 34 | 52 | 37 | 4.5 | 471.8 | 5.3 | 3.5 | 企标 | 特殊设计 |
| φ60ADP | 75 | 50 | 60 | 50 | 4.5 | 388.8 | 5.7 | 2.7 | 特殊设计 | 特殊设计 |
| φ73ADP | 78 | 63 | 73 | 63 | 4.5 | 480.7 | 6.6 | 3.6 | 企标 | 特殊设计 |
| φ90ADP | 94 | 77 | 90 | 79 | 4.5 | 657.0 | 11.3 | 4.9 | 企标 | 特殊设计 |
| φ114ADP | 117 | 101 | 114 | 101 | 4.5 | 987.8 | 21.8 | 7.3 | 企标 | 特殊设计 |
| φ147ADP | 194 | 112.7 | 147 | 114 | 9.5 | 3957.3 | 100.9 | 26.3 | 特殊设计 | 特殊设计 |

# 第五节 井下测量仪器

## 一、"慧磁"高精度定向中靶系统

简介："慧磁"高精度定向中靶技术是采用定向钻探技术和高精度中靶技术，使地面水平相距数百米或上千米的两口井或多口井在地下深处实现对接的一种先进钻采技术，具有占地少、控矿面积大、增产效果明显等优势。该技术已广泛应用于盐、芒硝矿、天然碱等可溶性矿产及煤层气、水、石油、页岩气、地热及干热岩等资源开采中，"慧磁"高精度定向中靶系统在土耳其卡赞天然碱矿和贝帕扎里天然碱矿开采中，创新设计并成功实施了双通道四靶点平行井组，创造了全球水溶性矿产对接井开采方法大规模应用记录。

主要组成部件：

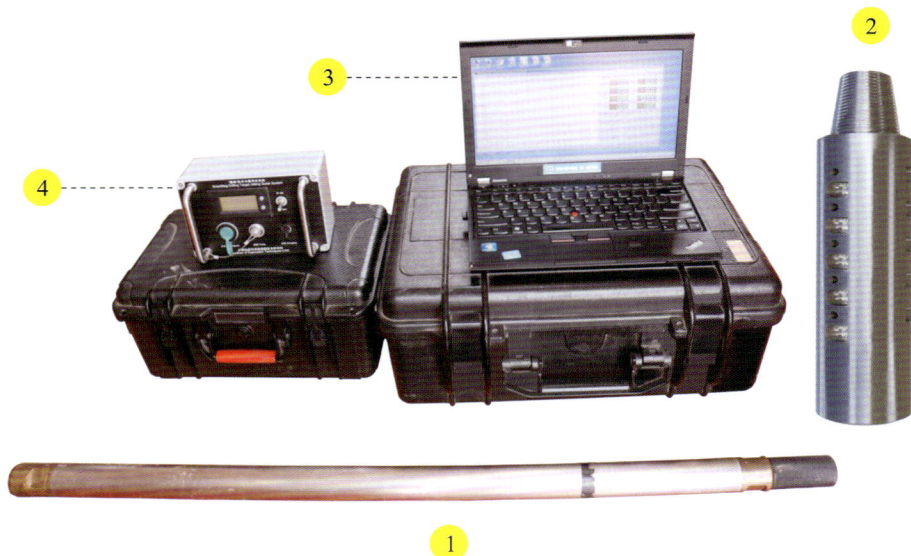

| 部件名称 | |
|:---:|:---:|
| 序号 | 名称 |
| 1 | 入井探管 |
| 2 | 磁接头 |
| 3 | 笔记本电脑 |
| 4 | 地面控制机 |

**主要组成部件简介：**

**1. 入井探管**

入井探管用于测量磁接头发出的交变磁场信号及地磁场信号。

**2. 磁接头**

磁接头是交变磁场发射源，安装在钻头与螺杆之间。

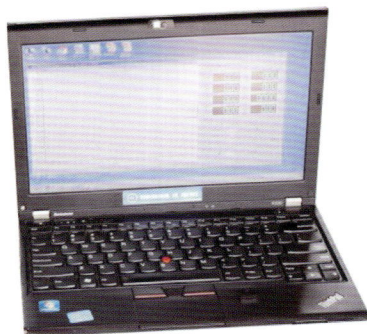

**3. 笔记本电脑**

笔记本电脑安装专用处理软件，用于解析交变磁场信号。

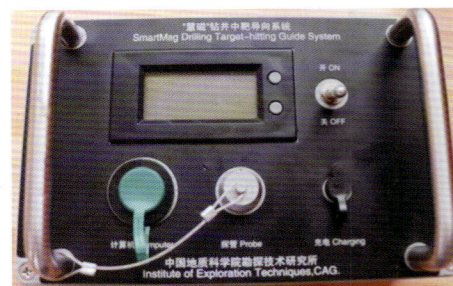

**4. 地面控制机**

地面控制机用于井下探管供电及信号转换。

## 推广应用及技术参数

"慧磁"高精度定向中靶系统于内蒙古
实施天然碱对接井

"慧磁"高精度定向中靶系统于土耳其
实施天然碱对接井

中靶系统入井前调试

对接井连通瞬间

"慧磁"高精度定向中靶系统技术参数

| 名称 | 最大测量井深/m | 最大测量距离/m | 中靶精度/cm | 探管外径/mm | 探管长度/cm | 最高适应井温/℃ |
|------|------|------|------|------|------|------|
| 数值 | 4000 | 120 | 2~5 | 42 | 180 | 125 |

## 二、小排量无线随钻陀螺测量仪

简介：小排量无线随钻陀螺测量仪由脉冲发生器短节、随钻陀螺探管短节、电池筒短节三部分组成，通过优化脉冲激发和限流机构及坐挂方式，将坐挂式改进为悬挂式，实现 1.5~5 L/s 排量脉冲信号的有效传输；适用于小直径定向孔、分支孔等的轨迹控制和测量，可用于固体矿产勘查钻探的定向纠斜、定向勘探、多分支孔勘探等。

**主要组成部件：**

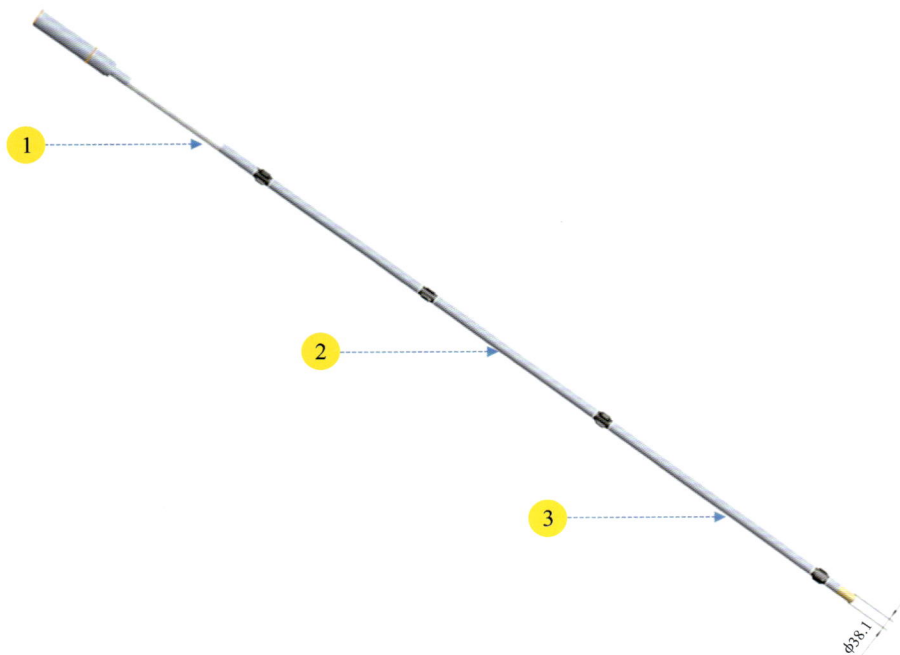

| 部件名称 | |
|---|---|
| 序号 | 名称 |
| 1 | 脉冲发生器短节 |
| 2 | 电池筒短节 |
| 3 | 随钻陀螺探管短节 |

**推广应用及技术参数**

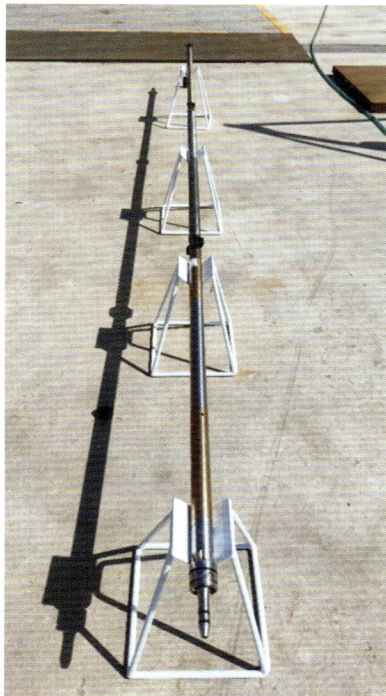

小排量无线随钻陀螺测量仪

小排量无线随钻陀螺测量仪于贵州
实施金矿分支孔定向钻探

小排量无线随钻陀螺测量仪于山西实施铜矿钻孔纠斜

小排量无线随钻陀螺测量仪于山东实施铁矿钻孔纠斜

小排量无线随钻陀螺测量仪技术参数

| 名称 | 井斜/(°) | 方位角/(°) | 高边工具面/(°) | 排量/(mL·s⁻¹) | 直径/mm | 长度/m | 耐压/MPa | 电池使用时间/h |
|------|---------|-----------|---------------|----------------|---------|--------|----------|----------------|
| 数值 | 0~180 | 0~360 | 0~360 | 大于90 | 42 | 4.6 | 35 | 大于100 |

# 第六节  事故处理工具

## 一、膨胀波纹管

简介：膨胀波纹管护壁技术是一种专门针对复杂地层钻探的事故处理工艺，利用该技术可对坍塌、漏失、缩径等孔段进行有效支护，护壁后不减小原有钻孔直径，能够使用原规格钻头继续钻进。该技术需要对事故孔段进行精准扩孔，然后利用多功能下入器具将膨胀波纹管下到待护壁位置，一次起下钻即可完成孔壁支护，可应用于地质勘探、石油钻井等领域。

主要组成部件：

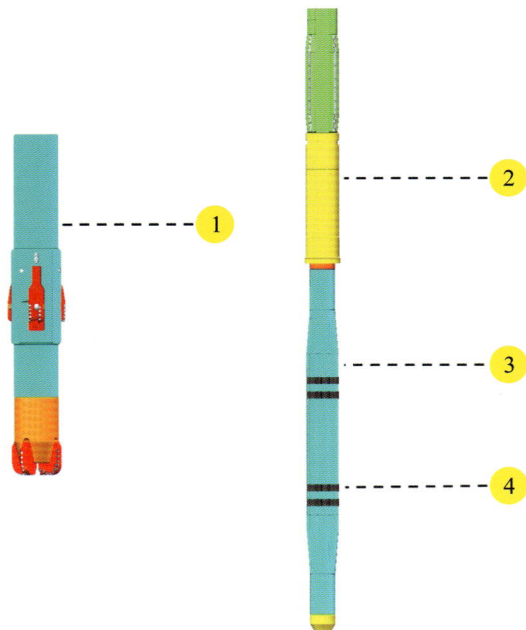

部件名称

| 序号 | 名称 |
|------|------|
| 1 | 扩孔器 |
| 2 | 多功能下入器具 |
| 3 | 膨胀波纹管 |
| 4 | 悬挂橡胶 |

**主要组成部件简介：**

### 1. 膨胀波纹管

膨胀波纹管用于隔离支护坍塌、漏失或缩径等事故段孔壁，下入前管外径小于孔径，护壁后管内径大于孔径。

### 2. 大口径扩孔器

大口径扩孔器适用于 $\phi216$ mm 和 $\phi241$ mm 钻孔，可将孔径扩大到设计尺寸。采用液压控制，下放到位后完成锁定。

### 3. 小口径扩孔器

小口径扩孔器适用于 $\phi76$ mm、$\phi96$ mm 和 $\phi120$ mm 钻孔，采用液压控制，双级扩孔，扩孔精度高。

### 4. 多功能下入器具

多功能下入器具备使膨胀管下入、膨胀管切头去尾、切口规圆功能，该工具可实现一次起下钻完成全部膨胀管护壁流程。

推广应用及技术参数

膨胀波纹管于山东实施破碎段护壁

膨胀波纹管于四川实施漏失段护壁

膨胀波纹管于广西实施坍塌段护壁

膨胀波纹管技术参数

| 名称 | 单位 | 数值 | | | | |
|---|---|---|---|---|---|---|
| 适用孔径 | mm | 76 | 96 | 122 | 216 | 241 |
| 内径/外径 | mm | 76/89 | 96/108 | 122/140 | 216/245 | 241/273 |
| 护壁后内通径 | mm | ≥ 76 | ≥ 96 | ≥ 122 | ≥ 216 | ≥ 241 |
| 应用领域 | — | 地质勘探、干热岩钻探、海洋钻探等 | | | | |

# 二、水力割刀

简介：水力割刀可用于切割孔底的事故钻杆或套管，割刀与钻杆连接后下放到孔底切割位置，在泥浆泵泵压驱动下伸出刀头，回转转杆实施切割操作。

主要组成部件：

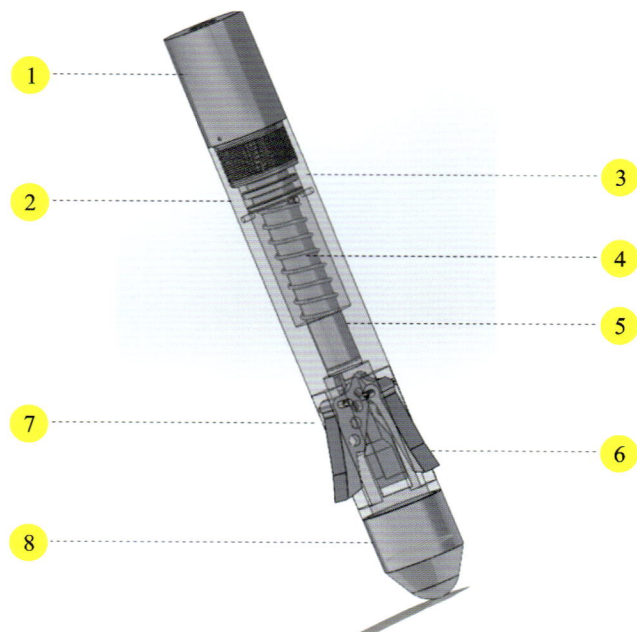

| 部件名称 | |
|---|---|
| 序号 | 名称 |
| 1 | 上接头 |
| 2 | 筒体 |
| 3 | 活塞 |
| 4 | 弹簧 |
| 5 | 活塞杆 |
| 6 | 刀头 |
| 7 | 下接头 |
| 8 | 引锥 |

推广应用

在重入锥海试过程中，采用水力割刀切割海底重入锥，并用可退式捞矛打捞至钻探船甲板。

水力割刀切割重入锥导管并完成打捞

处理河南某金矿钻孔在侧钻过程中发生跑钻事故时，采用水力内割刀分段切割钻杆及可退式打捞矛打捞的处理方法，分三段切割并顺利打捞出事故钻杆。

水力割刀于河南处理跑钻事故

# 三、可退式打捞矛

简介：可退式打捞矛可用于打捞孔内脱落的钻杆、岩心管等，结构简单、操作方便、安全可靠。

主要组成部件：

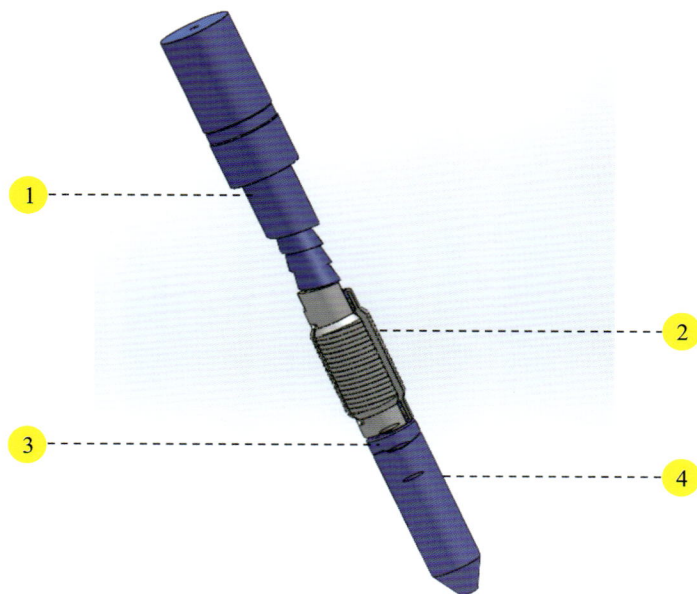

部件名称

| 序号 | 名称 |
|------|------|
| 1 | 芯轴 |
| 2 | 卡瓦 |
| 3 | 释放环 |
| 4 | 引锥 |

推广应用

处理重庆某钻孔因狗腿度超标造成的断钻杆事故时，采用可退式打捞矛1次处理即成功捞出孔内遗留的400多m钻杆。

可退式打捞矛于重庆实施钻杆打捞事故处理

处理广东某钻孔钻孔脱扣事故时，由于钻杆端部劈裂，无法采用公锥打捞，采用可退式打捞矛与水力割刀配合，成功完成孔内钻杆打捞。

可退式打捞矛于广东实施钻杆打捞事故处理

# 四、可退式倒扣捞矛

简介：可退式倒扣捞矛可用于打捞孔内事故钻杆，还可以连接反丝钻杆进行倒扣处理。

主要组成部件：

| 部件名称 | |
|:---:|:---:|
| 序号 | 名称 |
| 1 | 上接头 |
| 2 | 传扭套 |
| 3 | 卡瓦 |
| 4 | 芯轴 |

推广应用

山东某深部勘查钻孔发生埋钻事故后，采用反丝丝锥造成钻杆螺纹多处松脱。采用可退式倒扣捞矛对该事故进行处理，成功完成孔内事故钻杆打捞，大幅度缩短了事故处理时间。

**可退式倒扣捞矛于山东实施钻杆打捞事故处理**

安徽某岩心钻孔发生卡钻事故时，钻杆端部劈裂并卡在孔壁上。采用可退式倒扣捞矛对该事故进行处理，将工具下入钻杆内打捞，成功将孔内钻杆捞出。

**可退式倒扣捞矛于安徽实施钻杆打捞事故处理**

# 五、液压震击器

简介：液压震击器可将钻杆的弹性势能转化为击打动能，通过钻杆柱的击打解决卡阻问题，可用于卡钻、埋钻等事故处理。

主要组成部件：

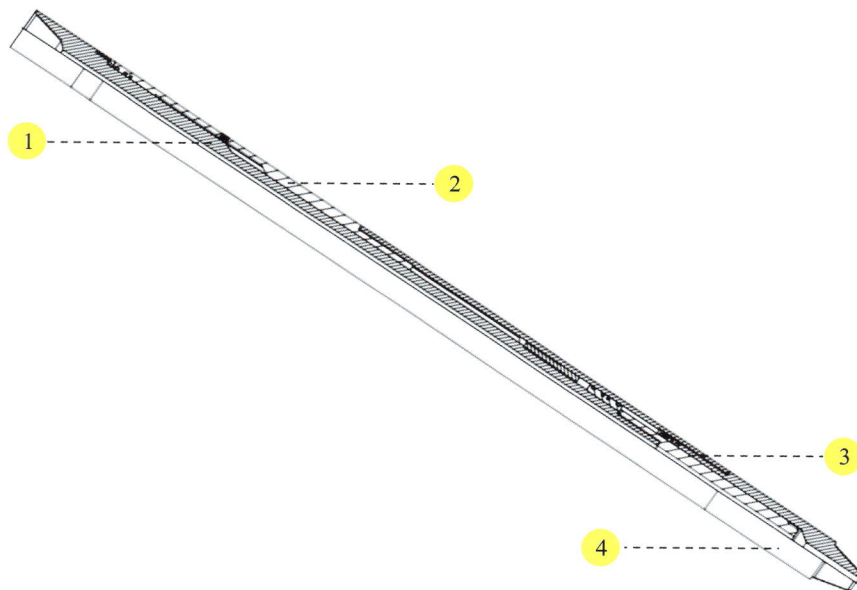

部件名称

| 序号 | 名称 |
|------|------|
| 1 | 芯轴 |
| 2 | 壳体 |
| 3 | 冲击砧 |
| 4 | 下接头 |

# 六、强磁打捞器

**简介**：强磁打捞器内装有强磁铁，可吸附钻孔内的小件磁性物体如螺丝、扳手、牙轮等，用于孔内落物事故处理。

**主要组成部件**：

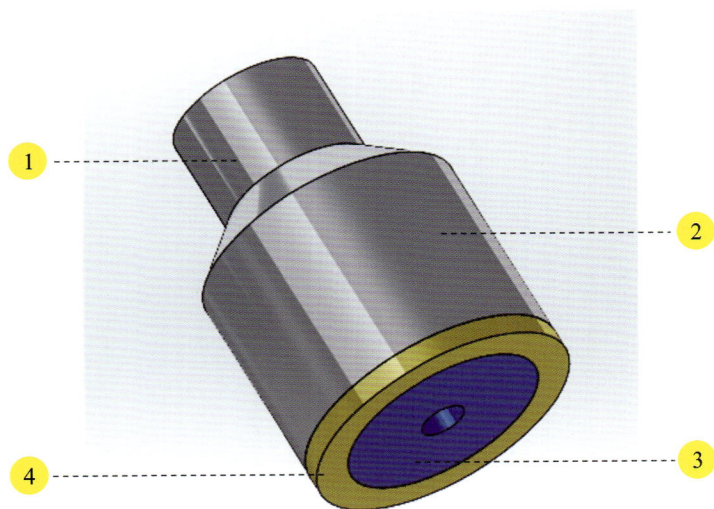

| 部件名称 | |
| --- | --- |
| 序号 | 名称 |
| 1 | 接头 |
| 2 | 壳体 |
| 3 | 磁铁 |
| 4 | 封盖 |

# 七、平底磨鞋

**简介：** 平底磨鞋底部堆焊或镶有 YD 硬质合金，可以磨铣孔内落物、钻头胎块、翼片等，用于处理孔内落物事故，或在事故处理末期进行孔底清理。

**主要组成部件：**

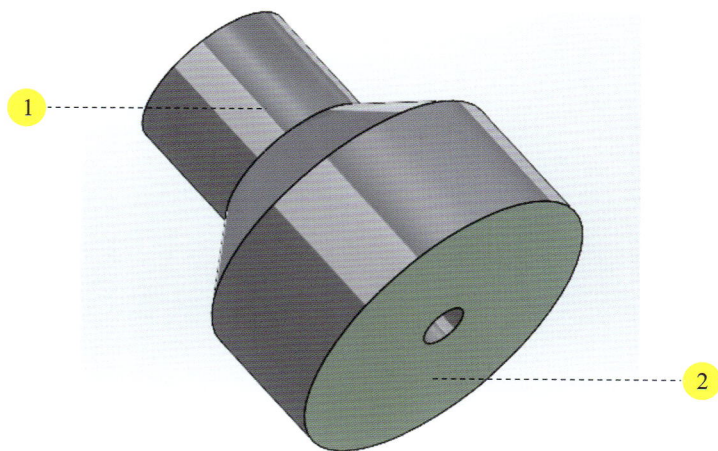

**部件名称**

| 序号 | 名称 |
|------|------|
| 1 | 接头 |
| 2 | 硬质合金 |

## 八、领眼磨鞋

**简介**：领眼磨鞋除磨鞋部分外，前端还有领眼钻头部分，可以插入钻杆、油管等管体内进行导向，用于修整断钻杆、油管等端面，方便其他工具进行后续处理。

**主要组成部件：**

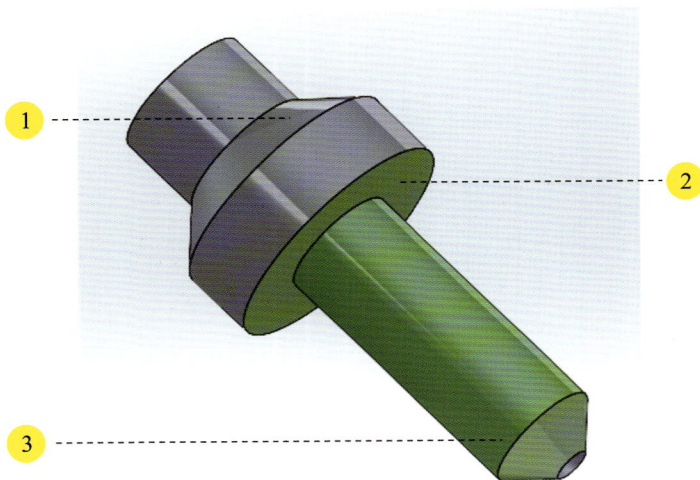

**部件名称**

| 序号 | 名称 |
|------|------|
| 1 | 接头 |
| 2 | 硬质合金 |
| 3 | 领眼钻头 |

# 九、正反丝公锥

简介：正反丝公锥用于处理断钻杆、断钻具等孔内事故，分别与正反丝钻杆配合使用，对事故钻杆、钻具进行造扣打捞。

主要组成部件：

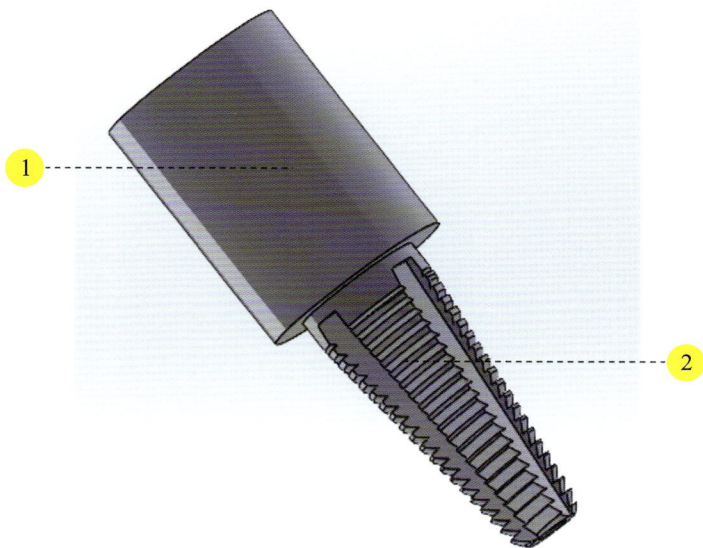

部位名称

| 序号 | 名称 |
|------|------|
| 1 | 接头 |
| 2 | 打捞丝扣 |

# 十、反丝钻杆

**简介：** 反丝钻杆是事故处理配套工具，当使用反丝丝锥、倒扣捞矛等反丝工具时，搭配反丝钻杆提供反扭矩。

**主要组成部件：**

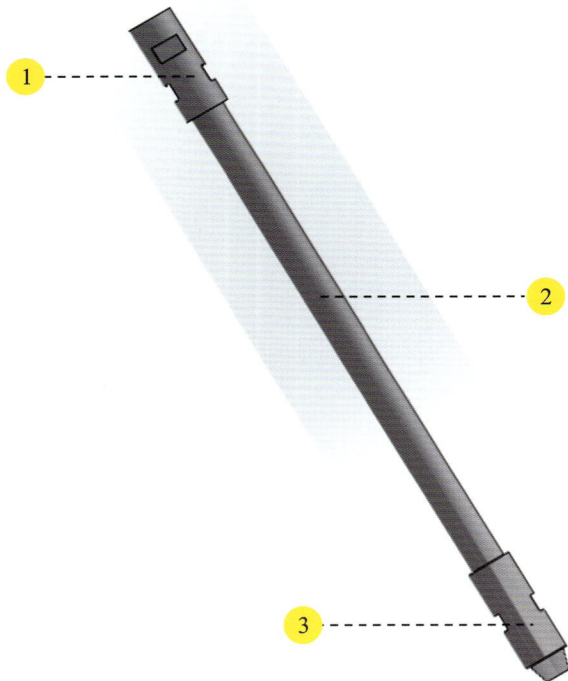

部件名称

| 序号 | 名称 |
| --- | --- |
| 1 | 上接头 |
| 2 | 钻杆体 |
| 3 | 下接头 |

**图书在版编目（CIP）数据**

地质钻探装备图册 / 梁健，李鑫淼主编. --长沙：
中南大学出版社，2025.4.
　　ISBN 978-7-5487-6119-8

Ⅰ. P634.3-64

中国国家版本馆 CIP 数据核字第 2025XJ2297 号

## 地质钻探装备图册
**DIZHI ZUANTAN ZHUANGBEI TUCE**

梁　健　李鑫淼　主编

| | |
|---|---|
| □出 版 人 | 林绵优 |
| □责任编辑 | 刘小沛 |
| □责任印制 | 唐　曦 |
| □出版发行 | 中南大学出版社 |
| | 社址：长沙市麓山南路　　　　邮编：410083 |
| | 发行科电话：0731-88876770　　传真：0731-88710482 |
| □印　　装 | 湖南至尚美印数码科技有限公司 |

| | | | |
|---|---|---|---|
| □开　　本 | 787 mm×1092 mm 1/16 | □印张 10.5 | □字数 268 千字 |
| □版　　次 | 2025 年 4 月第 1 版 | □印次 2025 年 4 月第 1 次印刷 | |
| □书　　号 | ISBN 978-7-5487-6119-8 | | |
| □定　　价 | 76.00 元 | | |